JN196196

「ブーランジェリー・ドリアン」店主
田村陽至

朝４時は窯に火入れの時間。熱くなった窯にパン生地を入れます。
昔ながらの薪の石窯で焼き上げています。

主に国産の有機栽培の小麦を使って、
粉と塩と水のみのシンプルな素材でつくっています。

じっくりと時間をかけて焼き上げたブリオッシュ。

「ドリアン」で販売している４種類のパン。
カンパーニュ、ブロン、エポートル、ブリオッシュ。

2012年、36歳のときに、これまでのやりかたを見直すために、ヨーロッパへ。フランスやオーストリアの店でパン修業。写真はフランスで修業中のもの。

2013年、フランスのサンピエール・シュル・エルブへ。築200年の共同石窯を「フーニル・ド・セードル」のパン職人、ローランさんが修復。今では年に一度、昔のように村人が集まり、パンや持ち寄った料理を焼き、ワイワイ食べて飲む行事が開かれるようになりました。

イタリア、ポンペイ遺跡の2000年前のパン屋の痕跡。ヨーロッパは何千年もの間、同じように焼き続けているのです。

2016年、夫婦で2回目のスペイン巡礼をし、パンを調査（イタリアにて）。

ドリアンのパンは、薪窯あってこそ。
初代の薪窯。

2017年8月から、自分達の手で新しい薪窯づくりにチャレンジ。一度に今までの3倍の量のパンが焼けるようになりました。この薪窯づくりのために2018年の春までほとんど休みなく働いたので、この夏は50日間の長期にわたり夏休みをとりました。

2018年夏、15年ぶりにモンゴルへ。モンゴル最西端に位置し、南を中国国境と接するアルタイ村へ。鷹匠の家にホームステイ。どの人も魅力的で、子供たちも可愛くたくましく、たくさんのことを学びました。やはり人生観が変わります。

馬の乳を発酵させた馬乳酒づくりをしました。パンもこの馬乳酒と同じく、人間が消化しにくいものを、消化しやすくしたもの。

家と職場を往復しているだけで、お客さまが来るというのは甘えだと思うのです。成長するための材料探しに旅に出ます。とても厳しい修業の旅ですが、楽しいフリをしてます。

パンを焼くのは自分だけ、
店番は妻一人。

ブーランジェリー・ドリアン
八丁堀店
広島県広島市中区八丁堀 12-9
広島 SY ビル 1 階奥
TEL：082-224-6191
営業日：木曜日・金曜日・土曜日
営業時間：12:00 〜 18:00

ブーランジェリー・ドリアン
堀越セルフサービス店
広島県広島市南区堀越 2-8-22
TEL：082-224-6191（八丁堀店）
営業日：金曜日・土曜日
営業時間：8:00 〜 11:00

はじめに

きっとこの本を手にした人は忙しいはず。だから「はじめに」だけ立ち読みで読んでもらっても大丈夫です。だいたいの中身はここで書いています。

私たちはなぜ働いているのでしょうか？


豊かに安心して生活するためです。それによって幸せになるためです。

では、このままのペースでがむしゃらに働いて、その先にゆとりのある豊かさを想像できますか？

はたまた、「だったらお金さえあればいいのだ！」と言って、株だ、不動産だ、ＦＸだ、仮想通貨だ、と投資して資産を増やしさえすればいいのでしょうか？

たしかに、お金はないよりはあったほうがいいものです。

相田みつをの日めくりカレンダーにだって、ないと不便、便利のほうがいい、というようなことが書かれています。けれど、お金だけでは幸せになれない気もします。

僕は年を重ねるほど、自分のつくるパンが人に喜ばれることこそが、かけがえのない喜びになってきました。

仕事をして、「ありがとう！」と言ってもらって、こちらも「ありがとうございます！」と返す。

なんとすばらしい日々でしょうか。仕事終わりのビールもうまいです。

ということは、社会から「ありがとう」と言ってもらえる仕事をして、しっかりお金も儲かって、かといって長時間労働せず、ほどほどに働いて、時間にゆとりがあって長期休暇もとれる。そのような働き方が理想なのかもしれません。

実はみなさんが気づいていないだけで、それが叶う方法は、もうすでに用意されているのです！

僕は、2012年に経営するパン屋を休業して、妻と二人で1年間フランスに住みながら、ほかのヨーロッパ諸国も巡り、パンを通じて「どんな働き方をしたら幸せになれるのか？」を調査してきました。

現地ガイドを雇ったり、人に紹介してもらったりして、パン屋で働いたり、普通に暮らす市民の家に泊めてもらったりして現地を見て回りました。

その結果、「方法はもうあった」のです。

「働き方改革」の志に燃えている方には物足りないかも知れませんが、もうすでに実践されているのだから、ただ、真似てしまえばいいのです。

帰国してからの5年間、僕のパン屋「ブーランジェリー・ドリアン」は、その真似の実験場でした。

パンを焼くのは自分だけ。でも焼く量は以前3、4人でつくっていたときと同じ量。店番は妻一人。でも売る量は販売員が3、4人いたときと同じ量で変わっていません。

その秘訣は、徹底的に「手を抜く」こと。

以前は20種類近くあったパンを、4種類にまで減らして、売るのは500グラムか1キロの大きなパンだけ。しかも、具は入っていません。まさに手抜きです。

でも、手を抜いただけだと、お客さんに「おい！　ふざけるな！」と言われてしまいます。だから、代わりに、最高の材料を使って、天然酵母（ルヴァン）で発酵させたり、薪で焼いたりする。「すみません。手を抜く代わりに、これで勘弁してください！」と言い訳するのです。

とはいえ、手抜きの効能はすさまじいのです。

まず、パンの値段が安くなります。人件費が減り、パンの中に入れる具材もないからです。原価が倍の小麦粉を使っても売値を安くできるのです。ここだけの話、グラム単価で見れば、スーパーで売っているバゲットと同じくらいです。

さらに、少ない種類のパンに気持ちを集中させてつくるので、パンの出来も良くなります。そもそも材料が良いと、勝手にうまいものができるのです。

加えて、働くのも楽です。かつては寝る間もなく働くこともあったけれど、今は朝4時～12時の8時間労働です。

安くて、うまくて、働く人もニコニコ。売れないはずがありません。それに、しっかり儲かります。売上はスタッフが8人いたときと変わらず年間2500万円程度になり、これを夫婦二人で稼げるようになりました。

でも、これは僕が考えた独創的な手法ではないのです。ヨーロッパのやり方を真似ただけなのです。それにパン屋だけでなく、ほかの仕事にも生かせる方法です。

なぜならヨーロッパでは、パン屋も、ほかの商売も、会社も、はては公務員や政治家まで、こんな感じの「素敵な手抜き」の良いループを描いているのです。「手を抜くことによって質を向上させている」からです!

それをただ真似すればいいのです。


ただでさえこんなに人の良い日本人。

正直で勤勉でよく働く日本人。

そんな日本人がヨーロッパの人たちの働き方を真似して、素敵に手を抜き、仕事や生活にゆとりが生まれれば、今よりもっと優しくなれます。ワハハと笑顔が溢れる社会になりますよ！

本書は、なぜ僕が「捨てないパン屋」になることができたのか、その過程を例をあげつつ、みなさんに、「手を抜いて→良い仕事をして→ゆとりを手に入れる方法」をお伝えしていきます。

1章「捨てないパン屋」では、手を抜いて働くことでパンを捨てなくなるまでを、2章「ご先祖さまのパン屋」では、パンづくりを例に古きに学ぶ方法を、3章「旅するパン屋」では、仕事と自分をブラッシュアップし続ける方法を、4章「競わないパン屋」では、大切な仲間づくりについて、5章「働かないパン屋」では、さらに新しい時代に向けての話をお伝えしていきます。

日本に、一人でも多くのワハハな仲間が増えることを願っています！

ドリアン店主・田村陽至

目次

第2章……ご先祖さまのパン屋

第3章……旅するパン屋

第4章　競わないパン屋

第5章 働かないパン屋

第1章

捨てないパン屋

捨てないパン屋になる

僕が、自分の店「ドリアン」で誇りに思っていることは、パンを捨てないところです。

たとえば、2015年の秋から今日まで、毎日たくさんパンを焼きましたけど、1つも捨てていません（正確には焦がしてしまったパンを数個捨てました。パンよ、すみません！）。

「捨てないパン屋」になろうと思ったのは、まだ菓子パンや総菜パンもつくっていた十数年前のこと。それまでは売れ残ったパンを捨てる、普通のパン屋さんでした。

当時、モンゴル人の友人が我が家にホームステイしていて、彼女が、

「パンを捨てるのはおかしいよ」

と言うのです。

「安売りすれば？　誰かにあげれば？」

僕はこう返しました。

「できないよ。そりゃ俺だって一生懸命つくったものを捨てたくないよ」

彼女もひるみません。

「でも、やっぱり食べ物を捨てるのはおかしいよ」

「いや、できない。配って歩く時間もないし」

と言い合いになり、最後は、

「日本じゃ、しょうがないんだよ！」

と声を荒げてしまいました。すごく自己嫌悪でした。泣きたい気持ちでした。

正しいのは彼女のほうだったからです。


ドカドカと捨てている日本や自分のほうがおかしいんだ。

食中毒にうるさい現代、売れ残った菓子パンを、次の日に売るとか、誰かにあげることはできない。

だったら、菓子パンはやめるしかない。

あんパンを食べたかったら、自分で餡子をはさんでもらえばいい。

そう自分に言い聞かせて、まず菓子パンをやめました。


僕は何億円パンを売ろうとも、ドカドカとパンを捨てるのであれば、なんの価値もないと思います。今まではしょうがなかったかもしれないけれど、これからは本当に許されない。時代は変わりました。バブルのようなイケイケどんどんの時代ではありません。社会も文化も成熟して大人にならないといけません。


さらに、食パンをやめ、バゲットをやめ、クロワッサンをやめ、ハード系のパンだけにして、ヨーロッパで1年留学して帰国したときに、材料をさらに厳選して何も具の入っていない2種類の固くて大きいパンだけにしました。

その頃、北海道で小麦を有機栽培する中川泰一さんの粉を使ったときに、「売れ残ったら、全部送ってください。買いますから」と言われました。ゾクッとしました。

農家さんがどれだけ思いを込めて、我が子のように麦を育てているのか、わかっていたつもりだったけど、わかっていなかったかもしれません。安い海外産の小麦粉をドカドカと使っていたら、こんなこと一生わからなかったでしょう。

そんな大切なパンたちは、午前8～11時まで工房の店先で無人販売して、次に市内の自分の店舗に運び、正午から18時まで販売します。だいたい売り切れるのですが、残った場合は翌日2割引で売っています。

雨の日は客足が鈍り、さすがに売れ残ってしまいます。そういうときは、野菜の移動販売店やハム屋さん、レストランに買ってもらったり、お店で売ってもらったりしています。

さらにインターネットでの地方発送もやっています。これもありがたいです。ネット販売は予約だから当然捨てません。ただ、ネット販売は注文数がけっこう上下します。

そこで定期購入をはじめました。今、定期のお客さまは１５０人です。

もし仮にこれが３００人であれば、店売りをやめても、豊かに暮らしていけます。パンを１つも捨てることなく、です。

ということは、１億人に嫌われても、３００人のお客さまのために全力で、良いパンを焼けば、十分に暮らしていける時代が、もう来ているということです。

買うほうも売るほうもそれでいいと思います。

捨てないパン屋を目指すには、ありがたい時代です。

僕のパンの焼き方

毎日の8時間の作業をどんなふうにやっているのかというと、こうです。

まず朝4時に薪窯に着火します。薪窯とはレンガをアーチ状に組んでつくった窯のことです。2時間ほど薪を燃やして、窯が十分に熱くなったら火を落とし、30〜60分ほど待ってから、パン生地をドカドカと入れていきます。

パンを窯に入れたら約1時間で焼きあがります。だいたい1窯、つまり一度に窯にパンを入れて焼く作業で1日に売る分のパンができ上がります。

窯を温めている間に、翌日焼く分のパンの仕込みをします。生地をこねて、2

時間おいて、切って丸めて寝かせカゴに入れ、冷蔵庫へしまいます。パンの種類が少ないし、1個のパンが大きいのであっという間に、だいたい10時頃に終わります。

それから、次の日の粉を計ったり、掃除したりしたら、終わりです。


こうしてパンを焼いて、火、水曜日はネット販売による地方発送だけの日で、木、金、土曜日は実店舗での販売のみとしています。月曜日は仕込みで半日を費やします。日曜日は休みです。

そんなこんなで僕は週6日、昼頃には仕事を終えて、ゆっくり過ごしたり、

パンづくりのタイムスケジュール

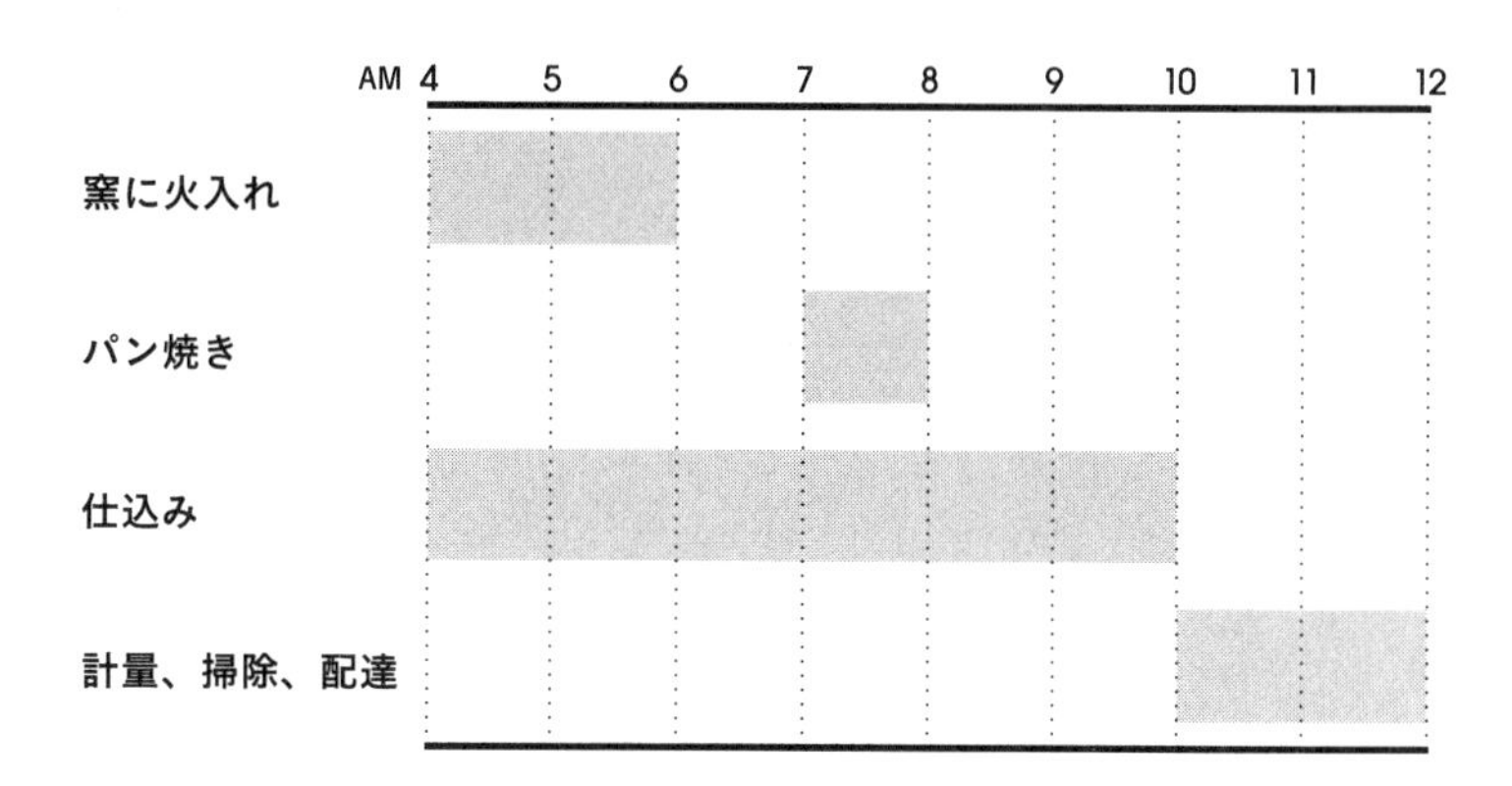

逆にジョギングして身体を動かしたり、映画を観たり、飲みに行ったり。経理仕事やブログを書いたりもします。

週休1日で祝祭日も休みはなし。そのかわりに、夏は1か月から1か月半の休みをとります。

かつては猛烈に働いていた

以前の働き方はどうだったかというと、猛烈に働いていました。

早いときは22時から仕込みはじめて、仕事が終わるのが17時。食事をして風呂に入って少し寝たら、またすぐに起きる時間になってしまいます。

パンの種類が多ければ、その分仕込む生地の種類も多くなって、時間もかかります。中に具が入るパンはまた別に混ぜたり、包んだりしなければなりません。いろんな重さの生地を計ったり丸めたり、形を整えたりも大変です。

3窯、4窯も焼いていました。そうすると、窯を燃やして温めるのも一苦労です。その頃は冷蔵庫を使わず、その日に仕込んだ生地を焼いていたのでドタバタです。

「パンはもう膨らんでるぞ～。窯を早く温めろ～!!」とか、逆に窯は温まったのに「パン生地が膨らまない～」ということも。とにかく毎日が消耗戦でした。

そんな感じだから、スタッフに仕事を教えてあげる暇もありません。見学に人が来てもまともにかまっていられません。とにかくいろんな余裕がないのです。

休業して、フランスに行って半年ぐらい経ったときに、たまっていた疲れも癒えて気づいたのです。

「あの頃の自分は、自分でなかった。性格も変わっていた」

余裕のない渦中にいるときは気づかないものです。

僕は、ほかのパン屋のことはよくわからないけれど、みんなこんな感じだと思います。一生懸命すぎるほど懸命に働いているのです。

三代目

僕の家は祖父の代からのパン屋。僕で三代目になります。

もともとは戦前からやっていた甘納豆屋でした。当時はあくまでもパンは片手間で、甘納豆がメインでした。当時は広島で一番の砂糖使用量を誇っていたそうです。

それでもその時代は、食パンをガンガン焼いて、2トントラックの荷台に山積みして、市場に持って行っていた、なんとも、男前な時代でした。

その頃は、ガス窯はありませんから、みんなでレンガの窯をつくり、石炭を燃やしてパンを焼いていました。

現在のパンづくりの主流であるイースト菌はあるにはありましたが、まだ一般的に入手できない戦後すぐの時代ですから、麹を使う酒種と残り生地で、パンを膨らませて焼いていたそうです。

甘納豆は好調だったのですが、祖父は40代の若さで、交通事故で他界してしまいます。広島の大きなお祭り「えびす講」で甘納豆を売りに行った帰り道、バイクで走っていたら、街灯のない暗い夜道にトラックが止まっていて、それに気づけずに衝突してしまったのでした。

長男だった父はそのとき、まだ高校生でした。迷ったあげく、父は店を継ぐことを決意しました。当時、人気絶頂だった甘納豆部門は、祖父の弟が引き継ぎ、父はまあまあなほうのパン部門を引き継いだのです。

時代が進むにつれて、甘さ離れが進んでいき、甘納豆屋は傾いていきました。甘納豆以外にも甘い食品が巷(ちまた)に溢れるようになったからでもあります。逆に、パンは人々の生活が洋風になるに従い、どんどん人気商品になっていきました。

父が店を継いだ頃のパン屋は今とは違い、販売する店舗はなく、工房で焼いたパンを八百屋さんに配達し、八百屋さんの店頭で売ってもらい、集金するという形態でした。今のように店先で売るという形態自体がまだない時代でした。

父がパン屋をはじめて数年経った１９６０年代のはじめ頃、大阪にはじめてのウィンドベーカリー（工房の店先でパンを売る店）ができました。それを見に行った父は衝撃を受けて、自分でもやってみようと、広島ではじめてウィンドベーカリーを開いたのです。すぐに大盛況になり、店の前に行列ができるようになりました。

その頃から高度経済成長がはじまり、パンも種類が増えていき、お店は大忙しになり、店員さんも増えて、ワイワイとやっていたのです。

パンは大嫌い

ところが、「パンなんてなくなってしまえ！」と僕は子どもの頃から、ずっと思っていました。

実家はパン屋だったけれど、小さい頃からパンが好きになれませんでした。

売れれば良いよ。

たこ焼き入れたよ、ヤキソバも入れよう。

なんでも入れてしまいましょう。

奇想天外なアイデア勝負。そして売れ残れば大量に捨てて、文化のかけらも残さない。そういう、日本のパンのチャラチャラとした軽さがイヤでした。


小学生のとき、学校の屋上で世の中からパンをなくす作戦を本気で立てました。

成長してもパン屋だけはやりたくないと、逃げて逃げて逃げまくっていました。

東京の大学へ進学して環境問題を勉強し、卒業後は、金沢のパン屋に就職したものの半年で辞めてしまい、そのあとは、長野の山奥の温泉で雪かきしたり、北海道で山ガイド、自然ガイドの修業をしたり、沖縄の環境ＮＰＯで乗馬の手伝いをしたりもしました。その果てに、モンゴルで遊牧民と馬乳酒を飲んでは歌って酔っていました。

モンゴルにずっと住むのかな、と思いはじめていた頃、たまたま帰省していた僕は、両親から、お店をやめることを告げられました。「申し訳ないけど、従業員にはやめてもらって、私たち二人だけで細々とやって、借金だけは返していって……」というのです。

しかし、僕は両親二人で店を回していくのは、体力的にも時代の流れ的にも無理だと思いました。

「じゃあ、手伝おうか」

と言ったのが、２００３年の12月、27歳のときのことでした。

父からの「退職届」

本当に、ちょっと手伝うというぐらいの気持ちだったのです。何しろ、パン屋になるのは嫌なわけですから、簡単に継ぐ気にはなれません。店を手伝ってリニューアルオープンし、立て直すことができたら、その後、モンゴルに戻るつもりでいました。

２００３年12月から手伝いはじめ、年が明けた１月に店を閉め、薪窯をつくり、天然酵母の国産麦でパンをつくるレシピに変え、４月にリニューアルオープンしました。

リニューアルオープン当時、本当にお客さんが店内に溢れていました。立ち見のライブ会場みたいでした。製造担当は父とお弟子さんと僕の３人。サンドイッチや、きんぴらやひじきなど総菜パンの中身をつくったり、レジに立つ担当は母とパート、アルバイト５人。総勢８名体制です。

しかし、お客が溢れていて、パンが売り切れていても「今月、お金が足りない……」ということになりました。

「なぜ？」と思いつつ、スタッフには頭を下げて給料を下げさせてもらいつつ、

「これはおかしいぞ」

とだんだん思うようになっていきました。

夏になって、モンゴルに帰りたいという話を両親にしたのですが、

「今、帰れると思っとるんか！」

と一蹴され、パン屋を続けることになりました。
その頃になってようやく、ただのリニューアルではダメで、バブル後の体制を根本的に変えないといけないことに気づきました。

しかし、「店を再建する」ということは、両親の一生懸命やってきた仕事に〝ダメ出し〟をする、ということ。なかなか辛い役回りです。でも、高校を出てからずっとパン職人だった父は、そこは簡単には折れません。体調が悪くても、這ってでも工房に立つ、頑固で誇り高き職人です。強敵です。

父も、僕も、店の将来を考えるからこそ、ぶつかるし、妥協できません。怒鳴り合いの喧嘩を何度もしました。でもそのぶつかり稽古のおかげで、自分も成長できました。

鳴門の渦潮のように、ぶつかり合いの中で、うちのパンはもまれて育ったのです。

そうして5年ほどたった32歳のとき、父から手紙を渡されます。そこにはこう書いてありました。

「一身上の都合により、辞めます」
父親から退職届をもらう息子は親不孝なのか、親孝行なのか……。

フランスへ一年留学

当時、僕の店はそんなこんなで「人気店」にはなれました。スタッフはみんな頑張って働きまくっていました。だからちゃんと給料を払ってあげたい。だったらもっともっと売らないといけない。そうして、どんどんたくさん焼くようになりました。

いつもフルスロットル。「活気がある」といえばそうだけれど、「余裕がない」ともいえます。

売れるときは売れる。

でも、残るときはどんどん残る。振れ幅が大きい。
残るパンにショックを受ける。
がむしゃらに頑張る。
だんだん疲れてくる。
余裕がなくなる。
優しくなくなる。

売れないわけではないのですが、でも何かが持続可能ではないと思いました。自分もスタッフもつねに消耗して走り続けているようでした。そうではなくて「やればやるほど満たされ、元気になる」、そんな働き方はないのだろうか？

そんなことをもんもんと考えていた２０１１年、35歳のとき、転機が訪れたのです。

２００8年の夏に1か月間研修させてもらったことのあるフランス、ル・マン近郊のパン屋「フーニル・ド・セードル」に暑中見舞いを出したら、
「フランスで働きたい日本人を探してくれない？」

という返事が来たのです。

「自分が行きたいです!!」とメールしました。

2008年に研修したとき、確かにパンづくりも感動的だったけれど、何よりも、暮らし方に衝撃を受けました。当時のうちの3倍ほどパンを焼いていても時間の流れがゆったりで、どんなに忙しそうでも食事はゆっくり食べる。ゆとりがありました。

「なぜだ?!」と不思議でした。やっぱりそこに、もんもんと考え続けていた、新しい働き方のヒントがあるはず。そう考えて、結婚したばかりの妻と二人で、1年間じっくり住んで、とにかく「働き方、暮らし方、生き方を盗んでくる!」と決意したのです。

フーニル・ド・セードルのご夫婦が奔走してくださったものの、労働ビザが下りず、結局、学生ビザで〝潜入〟することにしました。

フランス西部の町、ナントにあるナント大学付属の語学学校に入学して無事ビザをゲットしました。

しかし、ナントは、フーニル・ド・セードルのある村からは、TGV（フランスの高速鉄道）で2時間離れています。そこで作戦を変更して、ナントを拠点に、学校の休みのたびに、フーニル・ド・セードルを含めて、いろんなお店で研修させてもらうことにしたのです。

結果的には、そのおかげで衝撃的なお店に出合えたのです！

手を抜いて働く

1軒目、2軒目とフランスのパン屋で学び、3軒目は、パン文化研究家の舟田詠子先生に紹介していただき、オーストリア・ウィーンにある「グラッガー」というお店で研修できることになりました。

「明日からお願いします！」

と言うと、店主のグラッガーさんは、

「じゃあ、明日の8時に来てね」

ということでした。それまでの僕のパン屋常識では、朝8時に工房に行くと、帰るのは早くて夕方です。

「もしかしたら、19時や20時になるかも……」

そんな覚悟をして翌日お店に行くと、お昼を過ぎた頃、教えてくれていた若手職人のデニスくんが、「じゃあ、また明日！」と言ってピューッと工房を出て行ってしまい、僕たち夫婦はその場に取り残されてしまいました。

さすがにまだ早すぎるから、何かの聞き間違いかなと思ってウロウロしていたら、窯でパンを焼く係のベテランのバルタンさんが、

「もう終わりだよ、帰っていいんだよ～」

と教えてくれたのでした。


え、マジですか？

まだ12時過ぎですけど……。

労働時間4時間ですよ……。

「君たちが手伝ってくれたから少し早く終わったけど、8時出社の人は、13時には終わりだよ」

それでも5時間です。

翌日もその次の日も、お昼には仕事が終わってしまいました。

話を聞いたり、観察したりしてわかったのは、彼らのパンは日本的にいうと手抜きだということ。

大きなパンや、中に具の入っていないシンプルなパンばかりです。

こね上げたら、すぐさま成形して、冷蔵庫にしまって終わりです。発酵もざっくりな感じです。そして翌日に焼きます。

でも、製法で手を抜く代わりに、材料は手に入る最高のものを使い、天然酵母で醸して、薪で焼いているのです。

何より、食べてみると、そのパンは日本のどのパンよりも断然に美味しかったのです。「力が違う！」。

それに比べて、日本での僕は睡眠もそこそこに18時間も働いて、スタッフにもドタバタ働かせて、できたパンは、ここよりまずいのです。

何やってたんだろう……。

手をかければかけるほど、良いパンが焼けると思っていた。

でもそれは違っていた。

手をかけ、時間をかけ、B級の材料を使うより、手を抜いて最高級の材料を使うほうが、つくるのもラクで値段も安く、そのうえ断然美味しいことに気づいたのです。

そして、これは、パン屋だけでなく、他の仕事にも共通するのかもしれないぞとも思いました。

だったら、まず自分の店で証明するべし。そして、帰国してお店を再開するときに、次のように「手抜き宣言」をしたのです。

「種類も、製法も、売り方も、営業時間も手を抜きます。
でもそのかわり、材料はベストのものです。
粉は国産の有機栽培のもの、有機がなければ減農薬のものを使います。
天然酵母で発酵させ、薪窯で焼くのも材料の一部と考えてのこと。
もちろん材料代は倍以上に高いです。
でもそれでも手間暇かけて、人手もかけてつくるより、はるかに安くつくれます。
お客さまは、良い材料のパンを食べられます。
当店としては、今までよりも美味しいパンを、安く、楽に、つくれます」

種類はカンパーニュなど2種類だけで具は入れません。そして、大きいパンだけを焼きます。だからたくさんのパンを焼いてもつくるのは僕一人だけです。適当にこねて、どかっと丸めて、冷蔵庫に入れたらそれでOK。4〜12時で仕事を終えて家に帰ります。そして12〜18時まで妻が店頭で売ります。
「グラッカー」の5時間労働とまではいかないけれど、しっかりじっくり8時間労働です。以前の働き方とは、心の穏やかさが全く違います。

粉の値段は、それまで使っていたものの2倍です。それでも、人も時間も浪費してつくるより、はるかに安いのです。その結果、お客さんは、良い材料の美味しいパンを安く食べられます。

大きく具の入っていないパンは日持ちするので、売れ残ったパンも翌日割引して売ります。買ったお客さんも冷蔵庫に入れておくだけで、1か月近く食べられます。

手抜きをしたパンは、

つくり手も、
お客さんも、
農家さんも、
その周りの人も、

みんなが嬉しい方法だったのです。

良い材料を使って、80点を目指す

僕がオーストリアの名店「グラッガー」で勉強させてもらったのは、「手を抜く」ことによる、4~5時間労働でした。

重要なのは、それでいて美味しいこと。そして「錬金術はない」ということ。良い材料を使って普通に焼けば、特別なことをしなくても美味しいパンができ上がるということ。

逆に、そこそこの材料を使っていては、いろんなテクニックを駆使しても、美味しいパンにはならないということ。

そんな彼らの働き方は、言い方を変えると、こうです。

「良い材料を使って、80点を目指す」

以前の僕は、一生懸命、１００点のパンを目指していました。

しかし、どうやら、80点を目指すならば、労働時間は簡単に半分くらいに減るのです。

80点から１００点を目指す。
それは、毎日、同じ仕上がりで、形を揃えて、色も、切れ目も、綺麗に、
それでいて味も、毎日同じにすること。

この20点を上げる作業のために、今も日本中で、とても多くの人手と時間が消費されていくのです。

材料を良くして80点を目指すと、肩の力が抜けます。その、良い感じに力の抜けた具合がまた良いパンを生みます。そんなナイスなループに入るのです。

「職人が80点で妥協していていいのか！」

と疑問に思うかもしれません。

大丈夫です。

毎日働いていれば、今日の80点は、去年の100点か120点のはずです。

「苦情」には笑顔でバイバイ

「送られてきたパンが焦げてるんですけど」

3年に1度くらい、そんなメールをお客さんからいただくことがあります。そういうとき僕は、「すぐ送り返してください。返金しますので」と言います。そのパンが見たいからです。

でも、今まで送り返されてきたパンは、だいたい自分の中でベストな焼き色でした。

だから、「苦情は笑顔でしっかり聞いて、受け入れるけど、すぐ忘れること」。

これを自分の中でのルールとして決めたのです。

笑顔でしっかり聞くことは重要です。お客さまの声だし、ケンカをしたいわけではないので、「そうですか～。それは申し訳ございませんでした。ちょっと焦げたところだったのかもしれません」と本気で聞きます（だいたいメールなので、文章ですが）。

でも、それによって焼き方を変えるといったことは、一切しません。

職人にとって、苦情というのは、グサリとくるものです。そしてその刺された傷は消えることはなく、どこか意識の片隅に残ります。

パンを窯から出すときに、あと5分焼くべきか、今すぐ出すべきかと、とても悩むものです。しっかり焼き込むことで、パンの香り成分はグングン多くなり、香り高いパンになるからです。

こうばしい香りは焦げの成分なのです。白いパンには香りはありません。だから、窯出しの5分は、毎日の悩みなのです。

そこで、人の良い職人であれば、「そういえば、先週、パンの色が濃すぎる、という苦情があったな～。このあたりで窯から出しておくか」と考えるかもしれません。白めにパンを焼いて苦情がくることはないからです。

でも、その一件の苦情とは別に、その焼き色で満足しているお客さまもいる、というのが忘れられがちなところですが、とても重要です。

一件の苦情に気持ちを引っ張られて、どんどん焼き色を薄くしていき、香りも薄くなってしまったら、それまでのパンを好きになってくれていたお客さまに対しては、裏切りです。

自分が味方でいるべきは、好みが合わないお客さまではなく、静かに応援してくれている、好きでいてくれているお客さまのほうです。

味の好みは十人十色。

「このお客さまとは好みが合わなかったんだな」と思えば、笑顔でさよならできます。でも、「なぜだ！　なぜこの美味しさを理解できないんだ、この人は好みがおかしいんじゃないのか」と思うと、笑顔も出てきません。

お店のファンの方たちは、そんなお店の〝闘い方〟も見ているようです。ギスギスするより、余裕でバイバイです。

クレームウイルス

ちなみに、パンに髪の毛が入る、という問題は古今東西、今も昔もあることですが、今の日本の拒否反応は少し異常だと思います。

髪の毛なんて、毒なわけでも、針のように喉に刺さるようなものでもありません。僕からすると、何か品質改良などの薬品が入っているとか、ポストハーベスト（収穫後に散布される薬品）がどれくらいだとか、本当に身体に害が及ぶことには鈍感で、身体になんの害もなさないものに過敏になっているのは、不思議です。

ヨーロッパでは、僕が研修させてもらったお店で帽子を被っているところは、ほとんどありませんでした。そうしたお店で働く職人は、「髪の毛ぐらい入るでしょ、人間がつくってるんだから。イヤなら工場製品を買えばいいでしょ」と言っていました。そのかわり、材料の質や添加物にはとても敏感でした。日本人もそっちを気にしたほうが身体にはいいと思うのですが……。

日本のパン屋さんでは、帽子を被り、その上にビニールのカバーを被せ、マスクをして、手術用のようなビニール手袋をして、パンをつくっているお店もあります。なんだかかわいそうです。お寿司屋さんがそんな外科医みたいな格好で握っているのを想像できるでしょうか。

パンはなんとなくお客さまの声に敏感で心が揺れる傾向があるようです。素手でパン生地を成形しているのを気持ち悪いと言われると、「じゃ、手袋つけましょう！」とすぐに対応してしまいます。

「クレーマー」という単語が日常会話で聞かれるようになりました。クレーマーはクレーマーを呼ぶのです。

クレーマーを簡単に言い換えると、「他人の仕事に厳しい人」です。

本当は世の中は70点くらいで、みんな平和に過ごせるのです。パンで言うと、少々形がいびつでもいい、色が濃いところがあってもいい、ときに味が違うこともある、でもそれでみんな平和に過ごせます。

そこに初代の「クレーマー」が現れます。

「形は全部同じでないとダメだ!!　色も全部同じでないとダメだ！！！」

もっともな話でもあるので、パン屋はそうかそういうものかと気をつけるようになりました。そうなると、そのパン屋さんは、「クレームウイルス」をもらってしまいます。

たとえば、そのパン屋さんがうどんを食べに行きます。

「自分は仕事でこんなに気をつけている。お客さまのクレームにも対応している。なのになぜここのうどん屋は先週来たときと味が違うのか、許せない!!」

と思って、「だしの味が違うじゃないか!!」とクレームを言うようになります。

うどん屋さんは、確かに実験的にだしを変えていたのだけども、毎日同じでないと怒られるのか、と気をつけるようになります。そして「クレームウイルス」をもらってしまいます。

今度は、たとえば、うどん屋さんがテレビを見ていたら、アナウンサーが言葉を間違えているのに気がつきました。

「自分はうどんのプロとして厳しく仕事して、クレームにも対応している。なのに、このテレビの人はどうだろう。プロとして許せない!!」とクレームを言います。

今度はテレビの人たちも、「言葉遣いは気をつけないと」と思いつつ「クレームウイルス」をもらってしまいます。

……というふうに、どんどん「クレームウイルス」が広がって、国を覆い尽くしてしまっているような気がします。

みんながみんなを監視しているような息苦しさ、人の目を気にして仕事しないといけない感じ。それに対処するワクチンこそが、前の項で述べた「クレームには笑顔で対応、その後は無視」です。

その輪を広げていけば、もっと自由で寛容な社会に戻る気がするのです。

古いものは古くならない

新しさを売りにする以上、必ずパンは捨てられる運命にあります。

それはお店自体も一緒だったりします。

僕の記憶にある若き日の父のパン屋は、朝から晩までお客がひっきりなしの人気店でした。

その頃、世の中は高度経済成長期です。「今日より明日は良くなる！」と誰もが思っていた時代です。テレビ、洗濯機、冷蔵庫を皮切りにいろんな新しい商品が生まれていった時代です。「新しい」ということに最大の価値が置かれていた時代でもありました。

パン業界も同じでした。それまでの食パン、あんパン等に加えて、バゲットやクロワッサン、デニッシュなどなど世界各国のパンが登場してきました。

それに続いて、いろんな具材を入れた「新しいアイデア」のパンがどんどん出てきました。「新しさ」は華やかで楽しかったのです。買う人たちも楽しくウキウキ、新しいアイデアのパンを受け入れたのです。

それからさらに「新しさ」は進みます。「時間的な新しさ」も求められて、焼き立てパンが登場しました。パンの種類も新しい。焼かれた時間も新しい。ダブルの新しさです。

お店もお客さんも、幸せだった時代です。バブルの頃を知っている人たちはみんな笑顔でその頃を語ります。

その時代が間違っていたと言いたいのではありません。どの国も、その歴史の若い頃に経験する青春のような時代だったのだと思います。今の中国や新興国もいわば青春を謳歌しています。過去の日本と同じです。日本は戦後にその青春時代を謳歌したのでした。

しかし、バブル経済が終わった1990年代中頃から、世の中の様子が変わってきました。いつまでも青春時代のままでいることはできず、大人にならないといけません。その苦しみがバブル後の日本の停滞なのだと思います。ちょっと、中2病というか、青春を引きずりすぎている感はありますが……。

僕が大学を卒業する頃、父のパン屋は、お客さまが徐々に減っていきました。新しいものは古くなる。若いものも年をとる。自然の理(ことわり)です。

そして――「新しさを売りにするほど、より早く古くなる」のです。

「今」の新しさを売りにすればするほど、時間が過ぎて次の新しさが登場したとき、以前のものは強烈に古びてしまいます。強烈に新しかったC-C-Bの歌「ロマンティックが止まらない」が、強烈に古くなったように（若い世代の方々、わからなかったらすみません)。

たとえば、焼き立てを売りにしたパンは、まさに「今」の新しさがウリです。でもそれは2、3時間経っただけ、冷めただけで、古くなってしまいます。本来、パンは冷めても美味しいものなのに、店頭から下げて捨てる対象になってしまうのです。

斬新なアイデアがウリのパンも、新しさがウリです。月日が経つと、古くなってしまいます。だから、毎月新作のパンを出し続けないといけなくなるのです。

そして、ここからが重要なのに意外と知られていないことなのです。

そんな新しさをウリにしていたパン屋自体も、年数が経つと店ごと古びてしまうのです。お店自体が「新しさがウリ」のパン屋だから、新しいパン屋ができたり、若い世代のパン屋さんが台頭すると、宿命的に古くなってしまうのです。

僕は、祖父の代、父の代とパン屋の歴史のようなものを見る幸運に恵まれました。

父のパン屋は人気店だったのに、だんだんお客さんが減っていきました。以前にも増して、素材にこだわった、新しい商品を出しても、新しさを求めて移動していったお客さまは戻ってきませんでした。

「なんでかつてのお客さんはいなくなったのだろう？　何処へ行ったのだろう？」

といつもモンモンと考えていました。

その「モンモン」の結果、新しさを捨てることにしました。

焼き立てパン、新しいアイデアをウリにしたパンとの決別です。

そのかわりに、古い手法にならうことにしました。

クラシック音楽、『源氏物語』などの古典、「法隆寺」や「金閣寺」などの伝統建築……、これらは決して新しくはないけれど、どの時代にも受け入れられる普遍性を備えています。

ということは、古くもならない存在です。

でも、いくら古いものが良いものだとわかっていても、人間は後戻りすることはできません。後戻りできない生物といってもいいでしょう。だったら、戻らなければいいのです。

古い手法をもってして、前に進んでしまえばいいのです。パンでいうなら、古典的なつくり方でありながら、むしろ革新していくこと。現代のチャラっとしたパンよりも圧倒的に美味しく、存在感のあるパンにしてしまおう――そんな方向を目指して進んでいたら、気づくと店の経営は安定して、パンも捨てなくなっていたのです。

ほかの分野でも、もしかしたら似ているのではないかと思えてきます。新しさを追求し続けている僕たちは、バブル時代は終わった、とわかっているはずなのに、また同じように、「新しく、斬新に、フレッシュに！」と邁進しています。

自分たちがつくる商品が、古くなる恐怖に背中を押され、安心できずに、クタクタになっても、新しさを求める道を走り続けています。なのに、せっかくつくり上げた新しいものは、あっというまに古くなってしまいます。

そんな切なさや疲れを癒すために、休みをとってヨーロッパに旅行に行き、古い町並みの、これまた古いカフェで、おじいさんがゆっくりコーヒーを飲んでいる横の席に座って、「あー、やっぱりヨーロッパのこの雰囲気良いなー。帰りたくない」とぼやいていたりする。

これって、あべこべではないですか？

毎日新しさを追い求めつつ、古いどっしりしたものに憧れて逃避旅行をしているのですから。だから、「みんなで、この流れをクイッと変えないといけない」と考えたのです。

目先の新しさを追い求めるのを捨てて、古典から学び、もっとどっしりした、100年続きそうなものを目指すことが、真の革新でありイノヴェーションであって、それこそが実は新しいのではないか、ということです。

「捨てないパン屋」とは、100年続くパンを求めた結果論です。

大切なのは、斬新さや、焼きたて、といった新しさを捨てること。

そうすれば、古くもならず捨てる必要がなくなるのです。

「浮気」をしない

たとえば、目の前にベニア板があるとして、そこに穴を開けないといけないとします。そんなとき、麺棒のような太い棒でゴリゴリするよりも、先をとがらせた錐でキリキリするほうが、穴は開きやすいですよね。お客さんに何かを伝えるときには、そんなふうに一点集中したほうがいいのです。

「30種類あります！」というラーメン屋よりも、「うちは1種類だけなんです！これに命かけてます」というラーメン屋のほうが美味しそうな気がしませんか。

うちのパンの種類は、今でもたった4種類です。１００人のクラスよりも、4人のクラスのほうが、目が届くのは当たり前。だからうちのパンは良い子たちに育っています。

そして、もうひとつ。

不思議な話なのですが、好みの違うお客さんは同居しません。

うちのような固くて重くて大きなパンを買う人と、菓子パン好きの人は同じ店に行きません。どちらが良い悪いという話ではなくて、棲み分けています。

うちも昔、菓子パンと大きなカンパーニュの両方を焼いていました。その頃はまだ大きなパンを焼いている店は珍しいので、カンパーニュについて取材を受けるのですが、それを見て来てくれたお客さまは、手に取りやすい菓子パンを買って帰るのでした。値段も手頃で小さいので当然ですね。僕がお客でもきっとそうします。

でも困ったのは、その結果、ずっと来てくれていた大きなパンの常連さんたちが、静かにいなくなってしまったのです。

「あれ？　あのカンパーニュのお客さん、毎週来てくれていたのに、最近見ないね」ということが何度かありました。考えてみると、こういうことだったのです。

大きなカンパーニュを売ろうと取材を受ける　↓　お客さん来る　↓
でも菓子パンを買って帰る　↓　菓子パンの常連さん増える　↓
大きなパンの常連さん減る　↓　大きなカンパーニュ売れなくなる（逆効果）

「カンパーニュを売っていきたいんだけど、なかなか売れないんですよね〜」と、菓子パンをたくさん並べて、その隅でカンパーニュをちょこっと並べながらおっしゃっているお店があります。

本当にカンパーニュを売りたいのなら、菓子パンや総菜パンをなくすしかありません。

そういう僕も、父の店を継いだ２００９年頃から、何十種類もあったパンたちを、まずは菓子パンをなくし、食パン、バゲット、クロワッサンもなくして、少しずつ減らしていきました。

ハード系のパンだけになりましたが、それでもチーズ、ドライフルーツ、ナッツ、ゴマや芥子を入れたりと、10種類ぐらいはありました。

２０１３年にヨーロッパ１年の修業から帰り、ついにカンパーニュとブロンという2種類のパンだけにしました。最初は勇気がいりました。でもなんだかすっきりしました。

なぜすっきりしたのか？

「自分たちが本当に大切にしたいお客さまに集中できるようになったから」です。

固くて重くて具が入っていないパンを愛してくれる変わったお客さまは、そんなにいません。少数です。だから僕たちも、そんなお客さまに集中して応えたい。

「こんな変な店を愛してくれてありがとうございます。でも、当店も、そんな変わり者のあなただけにピンポイントで応えるお店です！」

と胸を張って言えるようになったから、すっきりしたのです。

菓子パン好きなお客さまも、食パン好きなお客さまも、バゲット好きなお客さまも、みんな来てください〜！というのは、浮気性すぎる。こんなに多様化して、ネットも世界の辺境地まで届いている時代、商売は一途でないといけません。

恋愛と同様、浮気をしていたら、気づくと誰も周りにいなくなってしまいますよ!!

パン屋は日本のミニチュア

日本のパンは、僕には日本そのものに見えます。ミニチュアな日本のようでもあります。

そもそもパンは日本にはなかったものです。日本の文化は何千年とパンを必要としなかったとも言えます（必要だったらご先祖はとっくに食べています）。

本来であれば、髷を結って着物を着て、下駄を履いて米を食べているのが日本人にとって性に合っていたし、日本の自然風土に合っていました。

しかし、歴史の荒波の中で、西洋のいろんなものを受け入れざるを得ませんでした。暑い中でスーツ着て、水虫になりながら革靴を履かなければならなくなりました。その流れにのってなんとなくパンもやってきたのです。

だから「根無し草感」が出てしまいます。

そりゃそうです。日本文化に根っこがないのだから、文字通り〝根無し〟です。当然フワフワしてしまいます。そして流行という世の中の流れにもドンブラコと流されます。


ヨーロッパで生活すると感じました。あちらはズルいです。何千年とほとんど変わらぬものを着て、変わらぬものを食べています。

２０００年前に火山噴火によって一夜に灰に埋もれたイタリアのポンペイ遺跡にも行ってみました。パン屋があり、薪窯も、今とそんなに変わっていません。

だから、１００年そこらでそれを追っている、我ら日本人がフワフワしてしまうのは、しかたがないのです。ですが、そうとばっかりは言っていられないのもまた事実。歴史に〝if〟はありません。

だから、悩みつつ葛藤をかかえつつ、進んでいくのが宿命の日本のパン屋。いつの日か、日本の文化となることを夢見つつです。

そのような現実があるので、いたしかたなく、日本におけるパンはまだ流行に左右されるファッション段階なのです。

父の代の頃は、クロワッサンのように折り込んだ生地に、いろんなものを乗っけたデニッシュのブームがありました。その次は、パン業界が総力を挙げてドイツパンブームをつくろうとしました（ただ、ブームにはなりませんでした）。僕が手伝い出した頃は天然酵母ブームでした。

天然酵母のあとは、バケットブームが来て、ハード系が熱いとかいわれて、最近は食パンブームだったり、塩パンが流行したりしています。パン業界の新聞を見ても、「次は〇〇が流行る！」という見出しばかり。業界、お客さん、メディア、みんなでパンをファッション化しています。

でもこれも、何度も言うとおり、しかたないのです。

日本でのパンは主食ではありません。主食というのは、それがないと、その国の食が成り立たないというものです。

勉強させてもらったフランスのパン屋さんは、自分のお店が休みで家にパンがないときは、しぶしぶほかの店のパンを買っていました。ヨーロッパの食堂に入ると、何も言わなくても無料でパンがカゴに盛られて出てきます。

ほとんどのヨーロッパの家庭では一つのお皿で食事を進めていくので、たとえばサラダを食べたあとは、パンでお皿を拭ってきれいにして、次のお肉をとって食べる。それを食べ終えたらまたパンできれいに拭いて食事を終えます。

サラダを食べるときも、サラダをナイフとフォークでざくざく切って、ナイフは置いて、左手にパン、右手にフォークを持って食べます。逃げるサラダをパンで支えて、フォークでエイッとざっくり刺すためです。手を直に使うのははしたないけど、パンでの間接技なら有効、ということです。肉を食べるときも同じです。

こんなふうに、パンはナイフやフォークと同じぐらい食事において必要なもので、「食べられる道具」みたいです。大げさでなく、本当に、ないと食事にならないのがパンです。

だから、雨だからパンが全然売れないとか、季節で売れ行きが全く違うとか、ましてや、今年はあのパンが流行って、来年は別のパンが流行る、という日本のようなことは、あんまりないように感じました。


そんなこんなで、パンを主食として食べて育っていない私たちなので、どんなパンが〝良いパン〟なのか、ということは誰もわかりません。つくっている本人だってわかりません。

僕は、「実家が蕎麦屋や寿司屋だったら良かったのに」と思っていた頃もありました。蕎麦や寿司だったら、お客さんも職人も「良い蕎麦とは」「良い寿司とは」という、ある程度、共通文化があります。だからパンよりもどっしりしているように感じたのです。「今年はてんぷら蕎麦がブームだ」とか、「いま軍艦巻きがキテる！」なんて、雑誌に載ったりしませんもんね。

でも、「悔しいです、勝ちたいです、もの真似でもいいから、とにかく千年の歴史なんて飛び越えてみせます」という、すごいエネルギーを持っているのもまた、日本人だと思っています。

それはヨーロッパで何人もの日本人職人に会ったからです。僕は食の分野しか知らないけれど、ヨーロッパ中に料理人、菓子、パンの職人が修業に行き、活躍し、技術を持ち帰っています。みんな「なんで日本にこれが必要なんだ？」という葛藤を自分なりに消化しながらです。

大陸の極東。最果ての地の定めなのか、昔からいろんな国のものが流れつき、それを貪欲に飲み込み、技術を突き詰め消化してきたご先祖さま。僕らの世代もご先祖さまと同じく進化中の不思議な国なのです（フランスに行ったとき、「なんでわざわざパンを習いに来たの？」と不思議な顔で聞かれました。そりゃ不思議だろうな、と思いました）。

だから僕もパンを焼きます。ヨーロッパに負けないものをつくってやろうじゃないかと。主食の座にはどっしりとご飯がひかえている。それがいい。日本のためにはそうでないといけません。

僕らにとってはパンなんてちょろっと片手間でいい。でも中途半端ではいけない。

いつかはそれもすっかり消化して、本当の日本の文化にしてやるのだ。そう思っているのです。

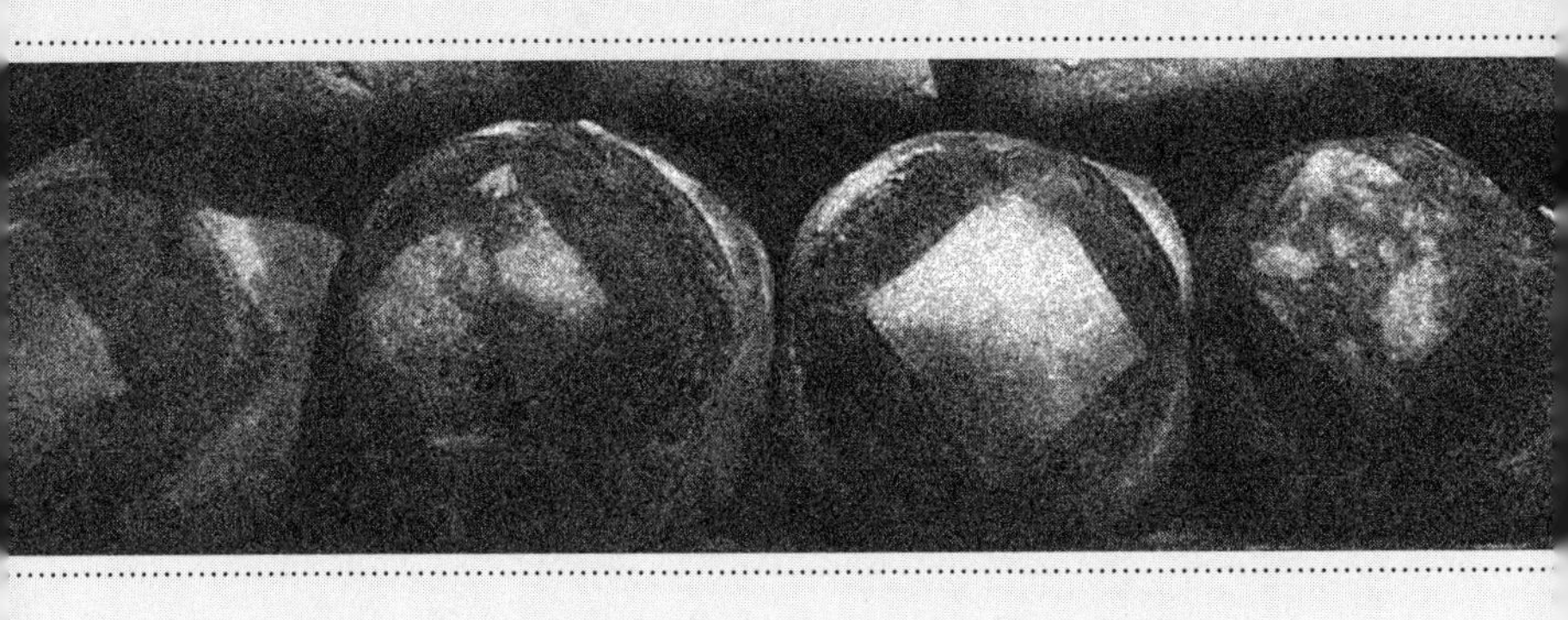

第2章

ご先祖さまのパン屋

ご先祖さまは怒っている

この章では、パンづくりについて書いていきますが、先に述べたように、パンは日本のミニチュアでもあります。きっとほかの仕事にも共通する部分があると思いますので、当てはめつつ読んでみてください。

いきなりで恐縮ですが、ご先祖さまたちは怒っていると思います。

今の私たちは、これはうまい、これはまずい、これは身体にいいとか悪いとか、和食がいいといったり、やっぱり欧米の食を見習おうといったり、肉がいいとか悪いとか、炭水化物は太るといったり、やっぱり老化するから食べようといったり、本当に勝手です。

テレビで「火垂るの墓」の再放送を見て、「せっちゃん、かわいそうだな……」と涙を流しながらも、食べ物は選り好みしているのだから、ちょっとおかしな現

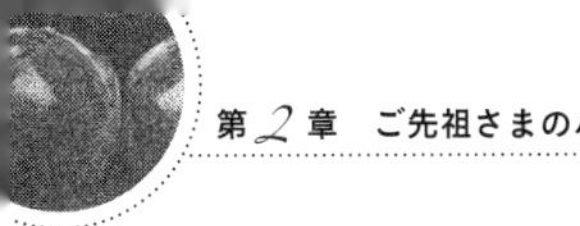

象です。

食べ物には、感謝しないといけません。

「感謝しろ！」というのは、道徳的な話だけではありません。感謝なしで食べることは身体の不健康にもつながると思うからです。

僕は27歳でパン屋になる前に、２００2年からモンゴルに2年住んでいました（「エコツアーで環境問題を解決するぞ！」という目的があったからです）。

その頃、現地で羊をさばくのを手伝ったことがありました。

押さえる僕の手を振りほどこうとする羊の最後の力、生きたい、という本能。そこからは、神々しささえ感じました。それを経験すれば「これは余すところなく感謝して頂かないとな」と誰でも思うはずです。

そのお肉を食べながら、「でも、肉は身体に悪いから、あとでデトックスしないとね」と誰かが言ったとして、その羊の魂がその言葉を偶然耳にしたならば、その台詞（せりふ）を言った人を頭突きで倒して、「このやろ〜！」と涙ながらにボコボコにしたいでしょう。

食べ物は、みんな死にたくなかったのに、死んで、恵みを与えてくれているのですから。

今、話題になっている、小麦のグルテンを消化できない病気も、小麦の命としての必死さと、感謝を忘れた我々への、「このやろ〜！」的な攻撃なのだと感じます。

私たちのご先祖さまは、食べ物への敬意がありました。食べ物を良い悪いと選り好みしませんでした（そんな余裕もありませんでした）。人間だって、必死に生きていたのです。だからこそ、食べるために知恵を絞りました。その知恵のひとつが発酵食品です。

小麦の、「消化されてたまるか!!　生き残るのだ〜!!」という必死さ。ご先祖さまの、「これを食べ消化せねば生き残れないぞ〜!!」という必死さ。その真剣勝負の結果が、小麦を発酵させたパンです。

自然界とご先祖さまの畏敬の念に満ちた闘いの歴史が、各地の食文化です。

そこへの敬意を忘れたとき、グルテン消化できません、というような問題となって現れます。これは、小麦、ご先祖さま、双方から「おい！　お前らチャラすぎるぞ、もっと真剣に食べろ!!」というお叱りではないかと思います。

ではなぜ、パンはわざわざ面倒くさい発酵をさせなければならなかったのでしょうか？　そこにはちゃんと理由があるのです。

馬乳酒が発酵を教えてくれる

パンの発酵を考える前に、準備運動として、もっとわかりやすいテーマから順番に入ります。

初級として、「馬の乳」の例をあげます。

僕がパン屋になる前にモンゴル生活していたことはすでに触れましたが、そのモンゴルといえば、「馬乳酒（ばにゅうしゅ）」が有名ですね。馬乳酒は唯一の動物性原料のお酒なのは意外と知られていません。

実はこの馬乳酒は、あのカルピスの先祖であるようです。「馬乳酒がカルピスの先祖です」と、瓶の裏ラベルに書いてあったのを小さい頃に見たような気がします（調べてみると、カルピス株式会社のホームページに今でもそのことがしっかり書いてありますね）。

ここで話題にしたいのは、そんな馬の乳のこと。実は、馬の乳というものを、人間は全く消化できないのです。

馬の乳を飲むと、一気にお腹をくだしてしまい、トイレから出られなくなってしまう、という遊牧民さんの証言があります。

ここにこそ、発酵食の存在意義があるのです。

馬乳酒のつくり方

①蹴られないように注意して馬の乳を搾ります。子馬がいないと乳はでません。
②①を樽か革袋に入れて、木の棒の先に板を

付けたものでジャポン、ジャポンとかき混ぜていきます。
③一人では辛いので交代で混ぜましょう。暇があったら混ぜる。通りかかったら混ぜる。
④とにかく恐ろしくずっと混ぜ続けていると、〝気合いが作用して〟発酵がはじまります。
⑤馬の乳を継ぎ足していけばずっと飲めます。でも、その度にまた混ぜないとダメですよ。

★ポイント

シーズンはじめは発酵しやすくするために、スターターの馬乳酒を買ってきたり、昨年の馬乳酒を少しとっておいて入れたり、レーズンを一粒入れる、という技があるようです。

①

②

馬の乳はこんなふうにして、夏の草原でぐいーっと飲み干したらなんともうまい、魅惑のアルコール飲料になるのです。

ちなみに、馬乳酒はちびちび飲むとまずいです。めちゃくちゃ酸っぱいからです。現地では洗面器ぐらいの容器に入って出てきますから、ちょっとこぼすくらいは気にせず、夏の仕事終わりのビールのように、カーッと飲み干すと、酸味のせいかなんとも冷たく感じて、「ノド越しドライ、するどい切れ。♫ア・サ・ヒスーパー　ドラーイ！♫」みたいで美味しいのです。

そう、馬乳酒は草原のビールなのです。

そして、それは発酵の根源を教えてくれるものでもあるのです。

そのままでは消化できない、または消化しにくいものを、人間が利用できるようにする知恵が、まさに発酵であります。

肉食で、野菜をほとんど食べない遊牧民の食文化の中で、馬乳酒は貴重なビタミン源であり、酵母菌や乳酸菌の死骸は食物繊維として働いています。夏の馬乳酒シーズンになると、何リットルも飲み、ほかの食事をほとんど食べない遊牧民もいるとか。

「なんでそんな消化しにくくて、手間のかかるものをあえて利用しようとしたんだろう？」と思う方もいるかもしれません。

昔は今のように、なんでも買える状況ではありませんでした。なんでも身近にあるものを利用するしかなかったのでしょう。モンゴルの地は、畑作もできない乾いた土地です。でも昔から馬はいました。仔馬が産まれれば母馬は乳を出します。人間もあの馬の乳を飲むことができれば、空腹が満たされるのではないか。ただし、そのまま飲んだのではお腹を壊してしまう。「どうしたものかな……」といろいろ考え試したのだと思います。

沸騰させてみてもダメ、チーズをつくろうとしてもダメ、乳を攪拌（かくはん）してみたら……、「あれ、お酒ができてるじゃん！」と、最初は偶然に馬の乳の酒ができ、飲んでみたらお腹も壊さず、空腹も満たされたのでしょう。そして、それを飲んでいる集落は、ほかの集落より健康になった。それを見て、ほかの集落にも伝わっていったのだと思います。

昔は、菌の存在もわからなかったのですから、発酵は不思議なことだったでしょう。まさに、馬の乳と、ご先祖さまたちの、闘いというより、昔の不良の喧嘩みたいに、ぞんぶんにやりあって、河原の土手を転がり落ちて、なんだか仲良くなって、空を見上げて笑っている、そんな感じです。

発酵食とは、「美味しいよね～♫　香り良いよね～♪」みたいな軽い必要性でできたものではなく、生き延びるための、硬派で口下手かつ無骨なものだったのです。

必要だからパンも発酵させた

察しの良い方はすでにお気づきだと思いますが、パンもこの馬乳酒と同じく、人間が消化しにくいものを、消化しやすくしたものなのです。

小麦粉に含まれるガム状のタンパク質「グルテン」を人間は消化するのが苦手です。

だから、最近セレブの間で話題になっているグルテンフリー。その裏付けとなっている「グルテンは身体に悪いよ説」はだいたい本当です。

確かに本当なのですが、でも、ご先祖さまたちはこう言うと思います。

「そんなことは、言われなくてもわかってるわ！」と。

現代の私たちは、実に浅はかな世代です。ご先祖さまたちの嘆きはいかほどか。

グルテンがいいとか悪いとか、小麦サイドから言わせていただくと、「はあ？何千年も食べてきておいて今さら、それを言いますか〜？」と怒り心頭に発して、「絶対に、こいつの腹の中で消化されてなるものか！」と先祖代々の恨みを晴らしてやりたいでしょう。

「ははは、そんなたとえ話をまたまた〜」というかもしれませんが、これは結構本当だと感じています。本章のはじめに書いたように、食べ物やご先祖さまへの感謝の欠如がそもそもの根底にある気がするからです。

グルテンフリーという言葉が流行しだしたのは、セリアック病というグルテンを消化できない体質の人の存在が確認されてからでした。

有名なのはプロテニスプレーヤーのノバク・ジョコビッチ選手で、彼がグルテンフリーの食物に替えたところ、体調が劇的に良くなって4大大会で勝てるよう

になったことから、「グルテンフリー」が有名になっていきました。そして、

グルテンフリーがいいよ　↓　小麦は悪いよ　↓　パンは悪いよ

と、変な伝言ゲームみたいに広がっていきました。

小麦を食べていなければ、ジョコビッチ選手は元気でも、小麦が主食の昔のヨーロッパにおいて、ジョコビッチのご先祖さまは生き延びていないし、そもそもヨーロッパ自体が今のように繁栄していなかったでしょう。

その立役者でまさに「恩人の小麦さん」に向かって、「身体に悪いから食べないほうがいいよ～」と言える思考回路のほうがおかしいと感じます。まさに、「愚者は経験に学び、賢者は歴史に学ぶ」。歴史から何も学ばない態度に、ご先祖さまは悲しんでいると思います。

もう一度言いますが、人間がグルテンを消化しにくいことなんて、昔からみんな知っています。パンという発酵食品がその証拠です。

小麦が穫れました。まずはより簡単に食べられる方法を試すでしょう。粒のまま食べる？　小麦の実は外皮が中身に食い込んでいるので粒のままでは食べられません。粉に挽く必要があります。

「よし、だったら、粉にしたのを水で溶いて、クレープで食べよう」

そう考えませんか？

ヨーロッパも、中近東も、アジアの国々も、小麦を主食にしている国はたくさんありますが、ほとんどの国では、わざわざ発酵させてパンで食べています（インドのチャパティーは無発酵）。

たんぱく質であるグルテンは、パンづくりの工程で、乳酸菌によって、消化吸収されやすい状態にまで分解されます。

昔は何を食べるか選べないので、消化できないのはまさに死活問題。集落の活力も弱くなってしまいます。

きっと、いろいろ試して、長い年月をかけて、みんなが健康を保てるパン文化をつくっていったのでしょう。

菌の存在も知らず、発酵という概念もない時代に生まれた食文化ですから、膨

発酵食品を生み出す乳酸菌はスゴい！

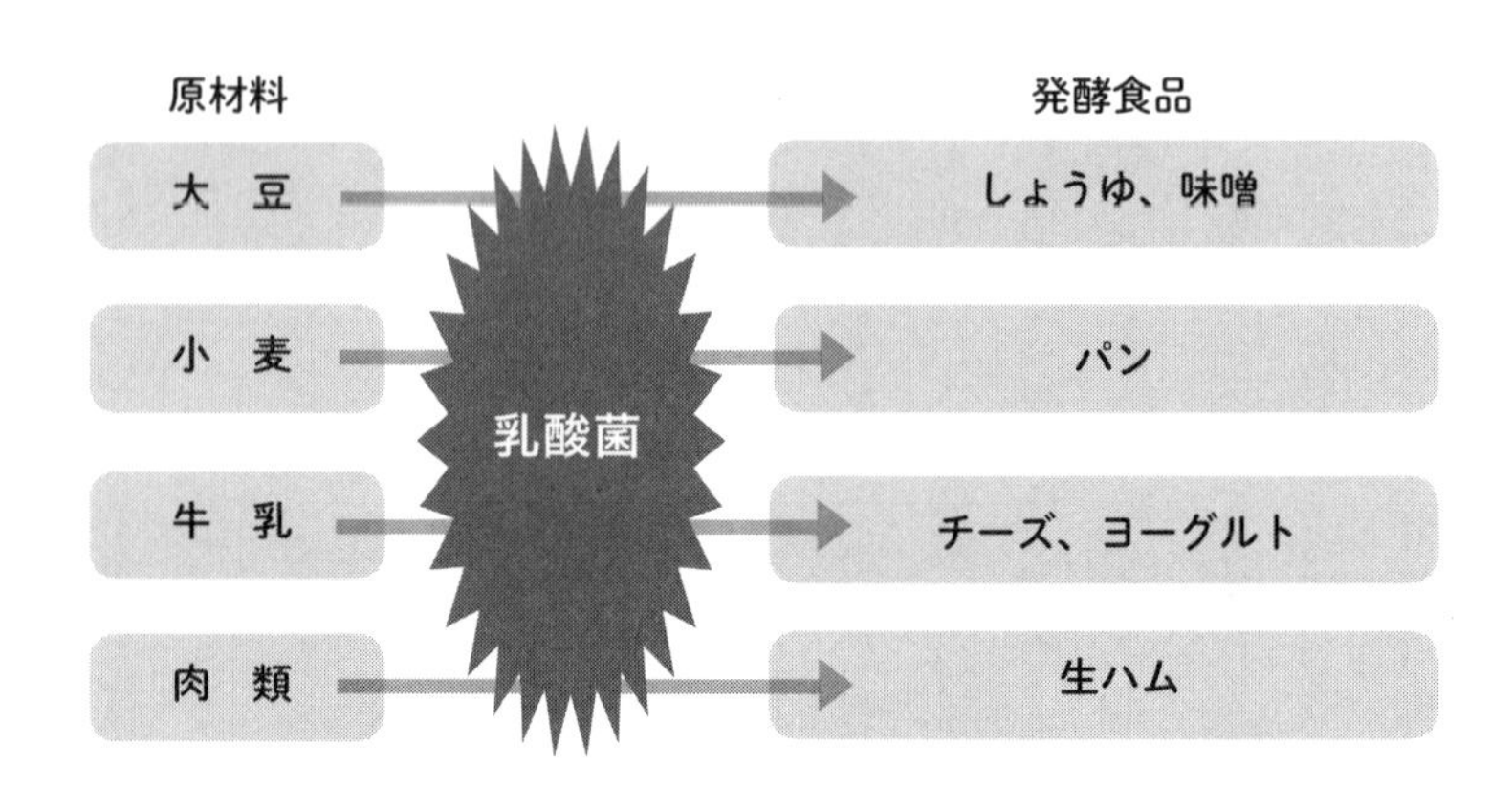

大な試行錯誤の結果だと思います。

同じく乳酸菌で分解してチーズ、ヨーグルトなどの乳製品、味噌、しょうゆなどの大豆製品が生まれました。生ハムも乳酸菌の力を借りてできています。最近流行っている熟成肉は、肉にもともと存在する酵素の働きがメインでたんぽく質を分解するけれど、乳酸の香りもします。これも消化に良く、肉を多く食べる国の知恵です。

そして、人間の身体は本当にうまいぐあいにできているな、と感心します。

乳酸菌や酵素によってこれらの食

材のたんぱく質が分解されると、アミノ酸＝旨味(うまみ)、になります。つまり、消化に良くなると、美味しく感じるように、人間の身体はできています。だから頭でなくて身体で味わって、人間は生き延びるために食文化をつくっていったのでしょう。

ちなみにパンづくりで使うイーストは、酵母菌の集まりです。人工物ではありません。だからそれ自体は悪くもなんともないのですが、問題は、「酵母菌はたんぱく質＝グルテンを分解しない」ということです。だからイーストでつくったパンは胃に負担がかかったのです。小麦も、馬の乳みたいに、全員がまったく消化できなければわかりやすかったのでしょうが、小麦は一部の人にしか症状が出ません。だから、わかりにくいのです。

グルテンを消化できない病気の人はある一定程度いると考えられていて、ある日、お腹がすかなくなって病院にいってレントゲンを撮ったら、消化されないグルテンがそのまま写っていた、という人もいるようです。

昔ながらのパンづくりは、乳酸菌が主役の発酵。そんなパンは食べても消化不良を起こしにくいです。イーストのパンが食べられなくなっても、そんなパンは食べられる方もいらっしゃいますよ。

牛乳問題を略農国で言えるだろうか

かつて、今のグルテン・小麦問題と似たような話がありました。
そう、「牛乳は身体に悪いよ説」です。
これは今回のグルテンの話と全く同じなので復習しておきましょう。

「牛乳は体に悪い」は本当か？
Yes、本当です。正確にいうと、牛乳に含まれるたんぱく質や乳糖は、何度もいうようですが、人間が消化するのにくたびれるものなのです。

ここで突然ですが、クイズです。牛乳について、以下の問題について考えてみ

てください。

【問題1】

体に悪いはずの牛乳をたくさん消費しているモンゴル人が、日本の大相撲を席巻しているのはなぜですか？

【問題2】

東アジアから中央アジア、中近東、ヨーロッパ、アフリカ、アメリカ大陸、世界津々浦々にある、牛乳を多く消費している酪農国の民族が、歴史上、身体の不調で消え去ることなく、今まで残っているのはなぜですか？

答えはどちらも「ヨーグルトやチーズなどの発酵食品にして食べているから」です。ぽかんとした方は少し考えて整理してから、読み進めてください。

「牛乳はそのままでは身体に悪い」から、発酵させて消費されているのです。

バターも発酵バターという乳酸菌発酵させたものがあります。もともとはこちらが主流だったのではないかと思います。モンゴル西部でバターづくりを調査したとき、その工程でヨーグルトが入れられて、乳酸菌と接触していて、でき上がったバターも酸味のある美味しいものだったからです。

乳酸菌を存分に働かせて、たんぱく質を分解し旨味成分に替えて、乳糖も分解し、人間は食べているのです。

「牛乳は仔牛が飲むもので、人間が飲むものではない！」という方々もいました。それも、正解です。しかし、仔牛がどうやって乳を消化させているか知っていたのでしょうか。

仔牛は胃の中に、たんぱく質を分解する酵素を持っていて、それによって胃の中で〝チーズ〟をつくって消化吸収しているのです。それを知ったご先祖さまたちが、仔牛の胃からレンネットという酵素を取り出して牛乳を加工してできたのがチーズです。

こうして酪農国の人たちは、牛乳を加工することでバクバク食べて、身体も大きくなっていったというわけです。称えるべきすごい知恵です。

「牛乳は悪だ」と叫んでいた人たちは、ご先祖さまの手のひらの上で、ワイワイ騒いでいただけです。

食に関しては、各地の食文化の歴史がすでに答えを教えてくれています。私たちはもっと謙虚に歴史を勉強したほうがいいのかもしれません。

乳酸菌の復権

さて、この章でたびたび登場するキャラとして乳酸菌がいます。「あれ、発酵といえば、酵母菌でしょ」という声が聞こえてきそうです。ですが、ここは声を大にして、発酵界には、乳酸菌の復権が大事であります！　と言いたいと思います。

これは私たちのためでもあります。

パンの話をしますと、「パンはキリストの身体」と言われたイエス・キリストが生きた時代から、長い間、ずっと乳酸菌と酵母菌の共同作業でできていました。ふつうにコネコネしていたら、両方の菌が来るからです。

イーストは19世紀末に開発されました。そしてイーストはそれまでのパン種では不可能であったパンづくりを可能にしました。それがまさに、グルテンを分解しないパンづくりです。そのおかげでボリュームも出て、ふわっとして、小麦の味が残る。そんなパンづくりができるようになったので、だんだん世界中に広がっていきました。

ちなみに、祖父の代は、酒種や残り生地で発酵させ、手づくりの石炭窯で食パンを焼いていました。それを2トントラックの荷台いっぱいに積んで、市場に持って行っていたらしいです。なんとも、無骨で美味しそうなパンの時代です。僕が店を手伝い始めた頃、年配の方に「昔の食パンは香りがすごくてね、美味しかったよ〜」と言われたことがありましたが、その頃の食パンのことだったのかもしれません。

祖父の代の後半、1950年頃の日本では、イーストの出始めの頃で、なかなか一般に買える代物ではなかったので、わざわざ電車に乗って大阪へ行き、リュックサックいっぱいに買って帰ったという話を聞いたことがあります。

時代が進み、父の代になると、最初からほとんど最後までイーストの時代です。最後のあたりで、ホシノ天然酵母が登場しました。美味しいパンが焼けますが、しかし、これも酵母菌であって、今回話題にしたい乳酸菌は存在していません。ちなみに、レーズンや果物でブクブク起こす天然酵母にも、基本的には乳酸菌は存在していません。

イーストの登場によって、酵母菌だけはスターになり、乳酸菌は活躍の場を失っていきました。

三代目である僕の代になると、最初から、ルヴァン種と呼ばれる、酵母菌と乳酸菌のチームでのパンづくりとなりました。

ここで重要なのは、これは新しいことではなくて、祖父の代への先祖返りです。もっと言うと、その前、何千年にもわたるパンづくりの歴史への合流です。

たとえるなら、パンづくりの歴史、という高速道路を走っていて、ちょっとサービスエリアに寄って、また本道に合流した感じです。休憩やリフレッシュは良いことです。でも本道がやはり過去にも未来にも繋がっている道だと感じます。

ということは、乳酸菌の復権は、別に大ごとでもなんでもなく、「起こるべくして起こった自然の流れ」なのだと思います。

〝フルスイング〟の発酵

ここでちょっとパンづくりの紹介です。

①〝乳酸菌寄り〟のタネをつくる（A）。
②（A）をもとに〝酵母菌寄り〟のタネをつくる（B）。
③（B）をもとにパンを捏ねる。そのとき一部をとっておく（C）。
①に戻る。（C）でタネをつくる。以下繰り返しです。

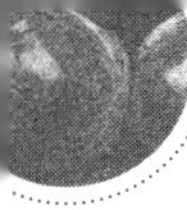

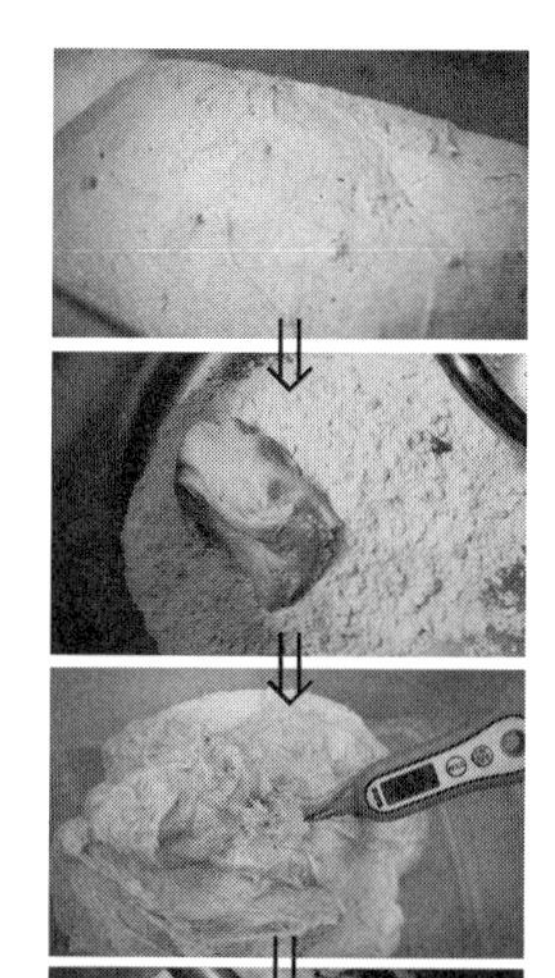

残り生地

残り生地と粉を混ぜて、乳酸菌寄りのタネをつくる

乳酸菌寄りのタネ

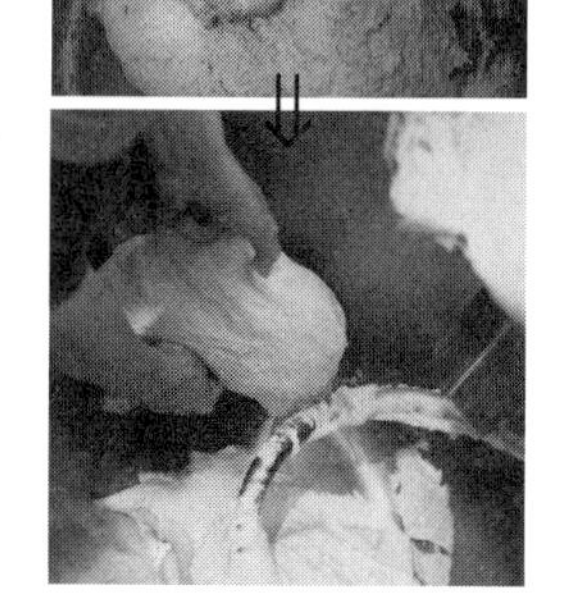

乳酸菌寄りのタネと粉を捏ねて、酵母菌寄りのタネをつくる

酵母菌寄りのタネ

かつて8年くらい前まででしょうか、うちのパンは安定していませんでした。

お客さまが酸っぱすぎると言う　↓　ちょっと発酵を弱める　↓

ちょうど良くなる　↓　だが、味噌みたいな香りになる　↓

発酵を強める　↓　ちょうど良くなる　↓
だが、お客さまが酸っぱすぎると言う

こうして振り子のような動きを一か月間隔で繰り返していました。

そんなときに、見学に行った酒蔵で衝撃を受けました。ＮＨＫの朝ドラにもなった〝マッサン〟の生家である広島の竹原市にある竹鶴酒造です。その酒蔵の杜氏、石川達也さんが僕に発酵のことを教えてくれた師です。

石川杜氏は、伝統的な日本酒づくりの方法である「生酛づくり」でお酒を醸しています。この生酛というものがまさに乳酸菌を呼び込むものなのです。

石川杜氏は、乳酸菌をノブナガ、酵母菌をヒデヨシにたとえます。乳酸菌は他の菌を根絶やしにするほど攻撃力抜群、強力な酸である乳酸で、雑菌が皆殺しにされていきます。そのあとで酵母菌がチョコンとトップの座に座り、雑菌のいない広大な領土の主となり、勢力を広げていく、というわけです。

その生酛の説明を受けていたときに、「これだ！」と思いました。これはパンづくりそのものだったのです。

次の日から、僕は乳酸菌に注目しながらパンづくりをしました。すると、パンが無敵の安定感をほこるようになったのです。

乳酸菌と酵母菌の仲の良さは、一緒にコンビを組みつつ進化してきたのでは？と思わせるほどです。酵母菌だけは乳酸菌の出す乳酸という強力な酸にも耐性をもっています。酵母菌のエサも乳酸菌がつくってくれます。

細かい話をすると、乳酸菌の後に酵母菌が出てくると、ボディー（細胞膜）が丈夫になるとか（乳酸菌のエサと、酵母菌のエサの関係です。難しくなるのでここでは書きませんが、興味のある方は調べてみてください）。

乳酸菌は、酵母菌を敵から守ってくれるだけではなく、食い扶持まで養ってくれる、本当に頼れるいいやつなのです。その乳酸菌を存分に働かせたパンづくりが、〝フルスイングの発酵〟です（これも石川杜氏の言葉を拝借しています）。

〝フルスイング〟のパンづくりは、小麦の成分を乳酸菌で存分に分解して、パンにするのです。そうすると、グルテンアレルギーの人が食べられるようになることもあるから不思議です。

古代麦が身体に良いと言われるけれど、麦の種類じゃない気がします。

パンづくりのレシピが逆転している気もします。イーストのパンは、グルテンを繋げないように、なるべく捏ねずにつくるのが流行(はや)りです。逆に伝統的なパンは、まずグルテンをしっかり繋げます。そしてその後に、グルテンを分解させるのです。

パンの発酵は今みたいに、2倍膨らんだとか、大きさ的なことではなくて、昔は、どれだけ分解されたか、が重要であったのだろうな、と感じています。だから本来のパンづくりは、乳酸菌と酵母菌のチームでパンづくりをしているイメージです。

アメフトは攻撃のチームと守備のチームが1つのチームの中ではっきり分かれていますが、酵母菌と乳酸菌も、そのシーンによって役割を果たしつつも、出ないときはベンチで応援して、ときどきチアリーディングを眺めている、という感じです。

イーストで美味しくなった

イーストのパンづくりが広がったのには訳があります。

まず誤解されがちですが、イースト自体が身体に悪いことはありません。天然酵母や自然酵母などの言葉の対比としてイーストが捉えられがちですが、イーストは野生の酵母菌から選抜された自然物です。人工の菌というものをまだ人類はつくっていません。

イーストが広がった一番の理由は、単純に、美味しいパンが焼けたからです。それまでのパンづくりではあり得なかった美味しさに出合えたのです。だから、パンを買うお客さんも、パンをつくる職人も、みんながイーストでのパンづくりを望んだのです。

なぜかというと、それまでのパンづくりは、必ず乳酸菌が関与しますから、これまで話してきたように小麦を分解します。だから、だんだん小麦の味はなくなっていきます。ドライな味になります。

イーストでパンをつくると、小麦を分解しません。だから、小麦の味がしっかり残されて、独特のクリーミーさや、甘みを味わえます。それに加えて、フワッとサクッと膨らみもよくなります。

僕は、「イーストでつくったパンのほうが美味しいですよ」とお客さんに言います。自分で食べ比べてもそう思います。うちのパンは乳酸菌を効かせてしまうので、甘みもなく、かなりドライです。だからこそ、１００年ほど前にヨーロッパにイーストが登場したとき、「なんだこの美味しいパンは！」とみんなそのパンに衝撃を受けて、「パンづくり＝イースト」となるぐらいに席巻したのです。

でも美味しさ、というものには、２種類あります。どちらが良い悪いではなく、異なるものです。これは人の好みにも左右されます。

まずは、甘みやフルーティな香りなどの「わかりやすい華やかな美味しさ」です。

もうひとつは、身体が喜ぶ、「身体に染みる美味しさ」です。しみじみ食が進む、という美味しさです。

乳酸菌を活躍させて、〝フルスイングの発酵〟をさせたパンは、華やかな美味しさはないけれど、体に染みる美味しさを得ます。単純に、すでにより分解されているので、身体が消化するのに楽なのです。

そういう食べ物は旨味（うまみ）成分が多くなります。すると一緒に食べる食べ物も美味しく感じます。そして食が進む、楽しくなる、呑む、歌うというように、活き活きしてくる美味しさなのです。

そう感じているので、僕はイーストを使わずにパンを焼いているのです。

イーストは身体に悪いものでもないし、それを使ってできるパンは美味しい。しかし、それを１００年以上食べ続けた民族はまだいませんでした。イーストが生まれてこの１００年ずっと実験段階だったと言えるかもしれません。

最近のグルテンを消化できない病気などによって、イーストでつくったパンはグルテンが温存されることが、ようやくわかってきました。

こんなふうに、だいたい世の中では、ご先祖さまたちが何世代にもわたって試行錯誤してつくってくれた文化は正しく合理的であることが多いです。逆に「新しさ」や「華やかさ」を求めた結果、不具合が生じることが多いと感じます。

人間の感性を、科学はまだまだ超えられていないということです。

たとえば、モンゴル人は、モンゴルで採れないお茶を飲んできました。ずっと犬猿の仲である中国から、嫌々ながら、しかも質の悪いお茶を売りつけられても、お茶を買って飲み続けてきました。

普通に考えると、なぜそうまでしてお茶を飲まなければならないか、理由がわかりません。科学的にもわかっていません。しかし、きっと欠かせない理由があるのだと思われます。

昔の人は体験的に長い歴史の中で体得して、文化に組み込んできたのです。科学が後からついてくるのでしょう。

昔の人間の感性は、今の私たちでは太刀打ちできないものに思えます。常に森羅万象に注意を払い、目に見えない乳酸菌や酵母菌を操って様々な発酵食品をつくってきた感性はすごいです。私たちは便利な生活と引き換えに、そうした優れた感性を鈍らせてしまったのかもしれません。

話を小麦のグルテンとイーストに戻しましょう。

イースト菌以外にもレーズンなど果物によって起こした酵母菌でパンをつくることもできます。フルーツ種とよばれて、日本ではとても人気があります。とても美味しいパンが焼けます。

乳酸菌は増殖せず、弱い酵母菌が増殖するので、ゆっくりとパンを発酵させることができて、パンの甘みを引き出して、美味しいパンになるのです（ちなみに、乳酸菌が増殖しているタネでゆっくり発酵させると、パン生地が分解されすぎてトロトロになってしまいます）。

けれども、フルーツ種はヨーロッパの伝統的な製法においては一般的ではありません。なぜでしょう？　ヨーロッパにはブドウが雑草のように生えていたらしいので、やろうと思えば、フルーツ種のパンづくりもできたはずなのです。けれども、広がりませんでした。そのかわり乳酸菌を起こして発酵させたパンづくりが主流になりました。

欧米の伝統的なパン種のサワードゥーは、直訳すると「酸っぱいパン種」ですから乳酸菌が増殖しているパン種だということがわかります。

これもまたきっと、フルーツ種ではグルテンを分解できないので、体調に異変を起こす人が出てきたからではないでしょうか。だから先に述べたモンゴル人のお茶のように、自分たちの経験や、他の集落の観察などで、体に染みやすいパンの製法を体得していったのだと思うのです。

ちなみに、これらは僕の勝手な推測による仮説で、学術的裏付けはありません。すみません。でも、それほど外れてもいないと感じています。

懐の深さで勝負する

うちのパンは、一口食べて「うん、うまい！」と唸るようなパンではありませんから、以前は自分でも悩みました。美味しいと有名なパン屋のパンを食べると、「おっ、うまい！」と美味しかったからです。

でもある日、店のスタッフとチーズの勉強をしていたとき、うちのパンを食べてからチーズを食べると、チーズだけ食べていたときよりも美味しく感じられたのです。

「むむ！　これはどういうことだろう」

そして、またパンを食べると、パンもまたさっきよりも美味しく感じたのです。さらにチーズを食べると、もっと美味しく感じました。

パンとチーズが双方の味を高めあっている。これは感動であり発見でした。

和食に精通している友人に教えてもらうと、旨味成分は種類の違うもの同士が出合うと、1＋1＝2ではなく、3にも4にもなるという仕組みになっているようなのです。「アミノスパーク」です！

ある和食の先生が海外に旨味成分の講師として招かれたとき、スプーンにお出汁、そしてドライトマト、この二つを同時に口に含ませる、という実験を参加者にやってもらったら、「ワオ、アミノスパーク！」と驚きの声が上がったらしいです。

それほど、種類の違うアミノ酸の出合いは情熱的なのです。

しかし、イーストで発酵させたパンは、旨味成分はあまりありません。イースト＝酵母菌にはたんぱく質を分解して旨味成分に変える能力はないからです。

乳酸菌が活躍すれば、たんぱく質を分解して、旨味となるアミノ酸をつくり出してくれます。

食材それぞれの味を楽しむよりも、融合を楽しむほうが、僕は好きです。

日本酒の「緩衝力」

もうひとつ大切にしているキーワードは「緩衝力」です。

これも前述した、僕が師と仰いでいる広島県竹原市の「竹鶴酒造」の石川杜氏から習ったことです。

たとえば、食べ物を受け止めて、美味しくする酒があります。かたや、それだけで飲んだら確かに美味しいのに、食べ合わせるものが美味しく感じられない酒もあります。

こんなとき、前者を酒好きな僕や友人たちは、「懐の深い酒だね〜」と言ってきたのです。

日本酒にもワインにもビールにだって、懐の深い酒はあります。

それを数値で表したのが緩衝力です。

「ゆるがない力」や「受け入れる力」と言い換えてもいいかもしれません。車のシフトチェンジのときの半クラッチのようなもので、緩衝力がしっかりしていると、どの味のギアとも合います。逆にこれが低いと、それぞれの味が尖ったままガガガッとぶつかってしまいます。どちらかの味が目立ちすぎたり鼻についてしまったり。そうすると次の一杯、次の一口が進まなくなります。食事自体がワイワイしなくなってしまうかもしれません。

応用編としましては、一人だと良い仕事をするのだけれど、いつもイライラしていて尖っている人については、「あの人は華やかだけど、緩衝力低いよね～」と表現するとわかりやすいです。

逆に、いつもニコニコ、周りの人と楽しく仕事する人を、「あの人、高い緩衝力をもっているから、味わい深いよね～」と表現したらいいでしょう。人間も緩衝力を高めていきたいですよね。

この「緩衝力」ですが、昔から日本酒の味を評価する項目としてはあったのですが、醸造メーカーの間でさえもあまり理解されておらず、「これってなんだろうね？」と言われていたようです。

緩衝力は数値で表せます。試験場ですべてのお酒のpHを同じにします。そこへアルカリ溶液を一滴ずつたらしていきます。何滴で決められたあるpHになるかを調べます。

すぐにこの値に達してしまうお酒は影響を受けやすいので、緩衝力が低い。なかなかこの値に達しないお酒は影響を受けにくいので、緩衝力が高いというわけです。

さて、ここで面白いのは、酒にしてもパンにしても、ワインだって、チーズだって、いろんな食べ物は、伝統的なつくり方のほうが、この「緩衝力」が高い傾向にあるということです（僕の仮説です）。

最近流行りの華やかなものは緩衝力が低い傾向にあります。

飲み友だちのワイン醸造家が、

「昔、仕事帰りに酒屋で一杯だけ飲む日本酒がとても美味しくて、家でも飲みたくなって一升瓶を買ったのだけど、家で飲むと1杯目は確かに美味しいのだけど、2杯目、3杯目が進まなかったんだよ〜。不思議に思っていたけれど、なぜだかわかりましたよ」

と、竹鶴酒造の蔵見学に一緒に行ったときに言っていたのを思い出しました。竹鶴のお酒は、緩衝力がとても高いのです。

緩衝力を高めるポイントは、有機酸（いろんな酸にナトリウムがくっついたもの。酢酸＋ナトリウムとか）と、ペプチド（たんぱく質がきれいに分解されたものがアミノ酸だけど、中途半端に分解されたのがペプチド。旨味になるわけでもなく、役立たずとされてきた悲しい過去をもつ）です。

日本酒づくりでは、乳酸菌を呼び込んで、それから酵母菌を増殖させる、伝統的な「生酛づくり」をすると、有機酸もペプチドも増えることがわかっています。だから竹鶴のお酒は緩衝力が高いのです。

パンも伝統的な手法だと、同じ順序で菌を増やすので、有機酸もペプチドも増えると思われ、緩衝力も高くなるはず、と僕は感じています。

パンも緩衝力が高ければ、いろんな食材をどっしり受け止められて、さらにアミノスパークで味わいも高め合えます。

なぜ日本人はパンを食べなかったか

世界中で小麦粉は食べられていますが、日本は小麦を発酵させてこなかった、世界的にも珍しい国です。

うどんや素麺をつくるために、今までさんざん小麦をコネコネしてきたはずです。その中には、自然に酵母がついて膨らんでしまったこともあったでしょう。なにせ、うどんの工場では酵母がついたら困るので、パン屋は立ち入り禁止になっているらしい、という本当っぽい噂があるくらいなのですから。

この発酵大好きの日本人のご先祖さまが、あえて（！）パンをつくらなかったのはなぜでしょう。あえて（！）無視し続けていたのはなぜでしょう？

それは、必要なかったからです。

または、偶然できたとしても、美味しいと思わなかった、だめだこりゃと言った、からです。

それを証明するように、うちのパン屋には、真夏の暑い時期になると、誰もお客なんて来やしません。みんな家で、風鈴の音を聞きながら、ガラスの器に氷を浮かべて、冷たいソーメンやうどんをすすっているのでしょう。なんともすばらしい日本の夏が、そこにはあるのです。

うちでも昼の賄いは、ほとんどソーメンになるのですから、お客さんを責められません。

そんな時期にパンなんて、カビるし、なんだか口の中の水分を持って行かれるし、もういいよ！　となるわけです。

中国の北部はしっかり発酵させた蒸しパンを食べる地域です。饅頭と書いて、マントウ。そこはやはり大陸の国、日本ほどのジメジメ地獄ではないからかもしれません。

しかし、その知識は日本にも届いていたはずですし、マントウはしっとりしているのでパンよりは日本人の口に合いそうです。

ですが、「肉まん、あんまんは、やはり冬の部活帰りに湯気が上がっているのを食うからうまいよね」というように、伝来した蒸しパンは冬限定のものになってしまいました。

長野に「おやき」と言う郷土料理があります。小麦を練った生地に餡子や漬物を包んで焼いたものです。これも発酵させていません。発酵させないほうが難しいくらいなのに、頑として発酵させないのが日本の食文化です。日本で育つ小麦がグルテンを多く含まない種類だったのも関係していると思います。

ひるがえって中国南部へ行くとけっこう米文化だったりします。ジメジメ度が上がるからでしょうね。それより南のアジアは日本と同じくパンのない文化圏です。

米がふんだんに穫れるからで、米のほうが腹持ちがいいし、粒のまま炊いても、茹でても食べられるので省エネです。パンなんていらないのです。

そして、西に行って、インド辺りから様子が変わってきます。アラブにかけて、非常にパン文化が花開きます。しかも米と同居する形で、です。

じゃあ、日本人はパンを食うなというのか！と問われますと、まあその通り、と答えても間違いではないのですが、そこは好奇心おう盛な我が日本人としては少々つまらないです。僕もそう思います。

ではどうしたら良いのか？　それは、緯度をヒントに考えていくと、すごく面白い結果となるのです。

日本はもしや世界に誇れるパン文化を有する国になるかもしれません。

というのも、日本は南北に長いのです。

緯度を見ていくと、北海道はドイツ、東北辺りはフランス、イタリア、そして関東以西になると、もうスペイン、ポルトガル。鹿児島ではなんとニューデリー。沖縄はカイロと同緯度なのです。

こんな国で、皆が同じようなパンを焼くのはもったいないのです。やはり北海道はライ麦が栽培されますから、ドイツスタイルのパンを焼きます。すると自然と地元の食材と合うものです。植生にも気候にも合っているからです。南下するほどライ麦栽培は難しくなって、小麦のパンが増えてきます。僕の住んでいる広島は、もうポルトガル辺りですね。ライ麦は生えません。米も食べながら、小麦のパンを食べます。

鹿児島ではインドのナンが有名になって、沖縄ではパン発祥の地カイロの平焼きのパンが食べられるとしたら、どうでしょう。

しかもそれぞれの土地の素材でできるとしたら、面白いことになる気がするのです。でも僕は、やっぱり夏はソーメンが食べたいです。

知恵とはなんぞや

「知恵」——大好きな言葉です。でもけっこうあやふやな言葉でもあります。知恵とはなんでしょうか?

まず、知恵を感じるのはどんなところでしょうか?

酒蔵での酒づくりとか、田んぼでの米づくりだったり、また、昔ながらの建築だったり、そして、伝統的な製法であればパンづくりからも知恵を感じます。

自然界では、いろんな生物がうごめいていて、相互に競い合ったり、助け合ったりしています。そして、乾燥していたり湿っていたり、酸性だったりアルカリ性だったり、暑かったり寒かったりします。

そんな自然界の皆さまと、「まあまあ、そこはどうにかならんでしょうか？」と折り合いをつけていくことが知恵です。まさに、自然界と人間界の境界線上でのやり取り、折衝、談合……、そんなものが知恵だと思うのです。

いろいろな資源に乏しかった昔、生き延びるために、命を繋いでいくために、今あるものをいかに利用するか、膨大な時間をかけた試行錯誤の末にできたものだと思います。

パンづくりでも、乳酸菌や酵母菌に好きなようにやらせておくと、ただのドロドロの物体になります。そこをなんとか、菌たちも、私たちも、お互い納得できる、玉虫色の解決策を出すわけです。

ルヴァン（発酵種）に、塩や水の量、温度や発酵時間。窯のつくり方から燃やし方、火加減も知恵といっていいでしょう。その知恵がさらに積み重なったものが文化となります。もうどれだけの時間と人生が費やされたのか、クラクラするほどです。だからこそ、敬意をもって知恵や文化に向き合いたいものです。

ヨーロッパのパン文化はしっかり分厚いものがあるけれど、日本のパン文化がいまいち薄いのは、知恵の厚みがないからです。それは、圧倒的に時間とそれに費やされた人生の蓄積がないからですが、もうひとつは、知恵や文化に対する敬意もないからだと感じます。

日々、業者さんは新しい素材や製法を持ってきます（それもまた商売なので仕方がないのですが）。うちのパン屋にも、かつては品質改良剤の案内がたくさん来ていました。たとえば、生地の中に少し入れただけで、ドイツパンらしい香りになるといったものです。化学会社はこうした品質改良剤を開発していますし、機械製造会社は、新しい機能が追加されたミキサーや、発酵機を日々開発しています。それらによって、「こんな新しいパンができますよ」とパン屋に提案してくるのです。

日本は工業や科学が得意なだけに、良い仕事をしてしまいます。だから時間や人生をたくさん費やさなくても、サラサラッと、ガーッと、やってしまえば、それなりのものができてしまいます。

でもそのかわり、知恵も蓄積されず、文化にもなりません。新しい素材や製法を試す時間があるのなら、古いパンづくりの知恵や文化から学ぶことは限りなくあるはずです。

文化は人間にとっては、毛布のようななんだか気持ちのよい安心できる存在です。なぜ安心できるかというと「こうすりゃいいんだよ」という安心保証付きの知恵が歴史によって折り重なっているものが文化だからです。

言い換えれば、ご先祖さまたちの汗と涙でためた安心貯金です。貯金額が分厚ければやはり安心です。だけど、力まかせに「これが工業、科学の力だ～」とやってしまっては、安心貯金はたまりません。

知恵は忘れられて、そしてだんだん文化が痩せて、なんだか、みんな不安な心もとない感じになってしまいます。

人間は文化の毛布でぬくぬくするのが好きなのです。

だから各国各地域に文化があるのです。日本の工業化を支えたのは、実は農村社会や、職人社会の知恵や文化だったのだと思います。その土台と貯金があったから、工業化を成しとげたのでしょう。

でも今では、つくり上げた工業や科学の力が大きくなってしまって、そこに頼ってしまい、知恵を効かせて働く、農業や、職人仕事をする人々や集団が減って、そこへの敬意もなくなっているように感じます。

農村はさびしくなり、職人よりも、パソコンに向かっている人のほうが儲かる世の中。きっとこのままでは、あまりよろしくありません。エネルギーが枯渇するように、いろんな知恵や文化の貯金を使い果たしてしまいます。

となるとやはり、ものづくりする農業や職人を目指せということになります(パンづくりもその末席であります)。

最近、うちに研修や見学にくる若者を見ていると、そのあたりをわかっている気がします。農村に移り住んで、手ごねで、薪でパンを焼いたり、畑で小麦を育てたり、古い手法にのっとってパンづくりをしていたり、また、そんな思考のほかのものづくりの人々とどんどん繋がっていったり、さまざまです。

その辺の偉いおじさんたちよりよっぽど柔軟で立派です。僕は「明るい兆しあり」と思っています。

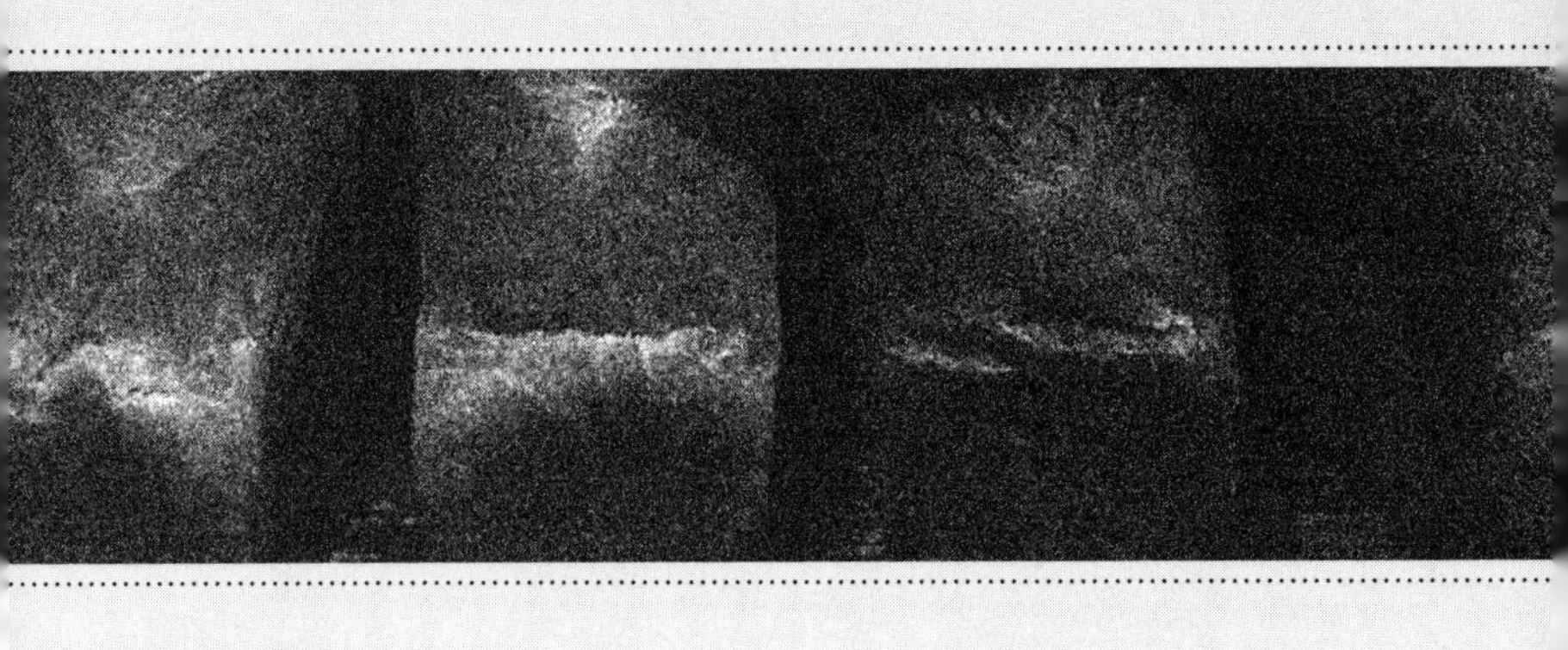

第3章

旅するパン屋

旅するパン屋

パン屋になる前にも、パン屋になってからも、僕はたくさんの旅をして、その中でたくさんの人に出会ってきました。生まれ変わってもまた同じ人生をお願いしたいほど、僕の人生は旅とそこで出会った人のおかげで充実していると思っています。

人生の分かれ道に直面したとき、僕はつねに自分がドキドキするほうを選ぶと決めて、実際にそうしてきました。

家にいるか、外へ出るか、迷ったら外へ出かける。その結果、旅に出ることが多くなります。

誰だって時間があれば、安心できる家でゴロゴロしていたい。僕も今だってそうです。長期休暇の間、ずっと家にいて、朝起きてから一日着替えずに、上野動物園のパンダ、シャンシャンみたいにずっと寝ていたい。

でも、旅に出る習慣のおかげで「シャンシャンの誘惑」にかろうじて勝っているのです。

旅はドキドキの連続だから疲れます。それに、旅立ちというのは、今自分がいる住処（すみか）に居続けようとする引力に逆らう力が必要です。毎日の見慣れた場所、気心知れた人々、ルーティンワーク、それらは安心というとても大きな引力をもっています。ロケットが飛び立つように、一生懸命にエンジンを吹かして、その引力を突き破るのです。

でも、いったん飛び出してしまえば、もうこっちのもの。もう引力には囚われなくなり、フワフワとした無重力空間です。すると今度は、旅をしているほうが気持ちよくなります。今までの日常とは違う、ものの見方、考え方、行動、すべてが頭に新鮮な情報としてインプットされていくのです。

僕は大学4年生のとき、中国への留学を考えていました。なので、大学生活最後の夏休みは家にこもって中国語の勉強をするべきでした。

でも、サイクリング部（自転車に鍋やテントを積んで旅する部活）に所属していた僕は、大好きな仲間たちと、汗をかいて真っ黒に日焼けして、たくさん笑うような、最後の旅をしたかったのです。それに加えて、社会人になったらなかなか自由な夏休みなんてないので、思う存分、山に登り、川へ釣りに行きたかったのです。

家で勉強するか、旅に出るか、どちらかを選ばなければなりませんでした。もちろん僕は旅に出るほうを選んでしまいました……。

言うまでもなく、夏休み明けに、「あー、勉強しとくんだった～」と後悔しました。しかしそれは一瞬のことで、1年経ち、5年経ち、10年経つと教科書での勉強なんかよりも、実際に旅で経験したことのほうが何倍も役に立ったのです。

役に立つという言い方はふさわしくないかもしれません。勉強したことよりも、旅の経験のほうが、何倍も太く、自分の根っこになり、背骨になり、ものを考えるときの材料になりました。

だから迷ったときは、旅に出るのです。

パンの穴から世界を見る

唐突ですが、僕が子どもの頃にやった遊びがあります。

5円玉を取り出して、その穴を覗いてみます。そうやって、小学校の校舎の3階の窓から、校庭の向こう側にいるネコが見えるか、という遊びです。

科学的な理由があるのか、おまじないみたいなものなのか、当時も今もわからないけれど、とにかく小さな穴から見える限られた視界から、遠くのネコがはっきり見えました。

伸びをしたり、肉球をペロペロしたりする細かい動作までわかり、「すげー、すげー！」と友だちとワイワイやったものです。

さて、実家のパン屋を継いでからは、フランスの田舎のパン屋にひと月お世話になったり、フランスに1年間住んで、ドイツ、オーストリア、イタリア、ポルトガル、とヨーロッパの国々のパンを見て回ったり、スペインの巡礼路は2回も、1000キロの道のりを、毎日パンを食べながら小麦畑の中を歩いてきました。モロッコの砂漠をラクダで越え、遊牧民のパンづくりも見に行きました。

そうです。パンが今の僕にとっての5円玉なのです。

あまりに広すぎる世界を、パンという5円玉の穴から覗くことで、ピントがあって、しっかり見ることができるのです。

そうやって、パンの本場である国々をさんざん歩いて覗いてきた結果、確信をもったことはこれです。

「どうやらパンづくりの技術なんて重要ではなく、たいしたことはない」

誤解しないでください！

これはすばらしいことなのです。

なぜなら、どの国もそこで普通に育った麦を、普通にこねて、適当に膨らませて焼いたらできてしまうパンを、何百年、何千年と何世代にもわたり、当たり前のように食べてきたからです。

だから当然のようにその土地の食事にも合うし、酒も進むし、歌まで口をついて出てくるのです。日本人が米を炊いて食べるように、気候や文化にぴったりフィットしていれば、そもそも特別な技術なんて必要ないのです。

だから、はるばるヨーロッパまで行く僕に、小難しい技術なんて学んでいる暇はないのです。

日本の気候風土に合っていて、普通に育つ麦で、普通に焼くことができ、
固有の食文化にもマッチして、
栄養的にも味覚的にも満たされて、
１００年後、私たちのひ孫の世代までもが当たり前のように食べていける。
そんな日本における「普段着のパン」とは、どんなパンなのだろう。
それを研究するのが僕の旅のミッションです。
僕は旅をするときは、ミッション達成のために、パンを通していろんなものを

見ていきます。歴史に、地理に、政治に文化、もしかしたら最新恋愛事情にまで及ぶかもしれません。

そう、パンに開けた穴からいろんなものを覗いていくわけです。

さて、小学生のときに5円玉の穴からネコを覗いていたように、クッキリ、ハッキリ見えるでしょうか。

「パンなんてなくなってしまえ！」

子供の頃、「パンなんてなくなってしまえ！」と思っていた、というのは1章でも書きました。だから、実家から逃げるのもまた旅の目的のひとつでした。

東京の大学に行って、実家という大気圏を抜け出したのを良いことに、山や川に通い、卒業してからも、金沢、長野、北海道、沖縄、モンゴルと逃亡の旅をしました。しかしその間、パンはなくなるどころか、ますます世にはびこってしまっていたのです。

そうして、困ったことに、旅を続ける中で、自分で少し気づきはじめてしまったのです。僕はパンが嫌いなわけではないのだと。

トドメになったのも、旅でした。沖縄・那覇市にある国際通りのギャラリーを借りて、その頃学生だった写真家の須田拓馬くん（今は売れっ子写真家です）と写真展を開いたのです。

須田拓馬くんはアジアを旅して撮ってきた写真を、僕はモンゴルの写真を、それぞれ並べたのです。ですが、そこで須田拓馬くんの写真に見入る人たちの顔を見て感動したのです。見ている人の表情が輝いていくのです。

「やはり、プロは違う。自分の作品で人を感動させるのって、かっこいい。やっぱり目指すべきは何かをつくり出す職人だな」と、首里城の芝生の上で寝袋にくるまって野宿していて思ってしまったのです。近くでカップルがイチャイチャしているのを感じつつ、旅の空の下だといろいろ考えもわいてくるものです。

その沖縄の旅から帰ってきてから、両親に店をたたむことを告げられて、パン屋になったのですから、サーカスの空中ブランコぐらい、絶妙のタイミングです。

そもそも、親の仕事を蔑んでいるわけではありませんでした。ただ、いろいろ目新しいパンをつくって、たくさん捨てて、文化として何も残らない、そんな日本のパンの存在や、流行りに使い捨てられる職人の存在が、やるせなかったのだとも気づいたのです。

だったら、「100年残る、文化になれる、日本のパン」をつくればいいのではないか。買う人も、つくる職人も、世界に胸を張って、「これが日本のパンなのだ！」と言えるものを焼けば良いじゃないか。それが結果的に、自分の「パンなんてなくなってしまえ」という思いに対する答えだと考えたのです。

そんな想いでがむしゃらにパン屋を続けてきました。でも、最初から美味しいパンが焼けたわけではありません。味がまずいだけでなく、焼き加減が不安定だし、そのうえ裏に炭がついていたり、砂までついていたことも。

そんな、まずいパン屋を支えてくれたのは、どちらかというと、純粋にパン好きの人たちではなく、「なんだか、旅帰りの、少し変わったパン屋がいるな」と僕を面白がってくれた人たちだった気がするのです。

大学で学んだ環境問題

「食べ物が、一番の環境問題じゃないか」

大学時代、環境問題を激しく勉強した僕は、卒業後、実家のパン屋には目もくれず、活動の場を求め、そうつぶやく父親をしり目に家を飛び出しました。

金沢、長野、北海道、沖縄と流れ、モンゴルにも住み、環境問題の活動をし続けて、パン屋に戻って15年。今になってやっと、あのとき聞こえないフリをした父親の言葉に対して自信を持って言えます。「その通り、食べ物が、一番の環境問題なのだ」と。

私たちにとって、一番身近な自然は自身の身体です。そして、それをつくっているのは毎日の食べ物です。

そんな食べ物のことも本気で考えられないで、もっと大きな地球の環境問題を考えられるはずがありません。足し算ができないのに因数分解に挑んでいるようなものです。

パン屋をやっていると感じます。

オーストラリアの記録的な干ばつで小麦の値段は上がり、不安定なアジアの気候で、スパイスや、ドライフルーツも値上がりすることがあります。エネルギー問題のあおりで、何十年も変わらなかった砂糖の値が上がっています。

これらは、僕が今まで実際にこの目で見てきたこと、たとえば北海道で気温35度を記録したり、沖縄のサンゴが枯れていったり、かつては小ラクダを隠すほど茂っていたモンゴルの草原が、今では人間のくるぶしすら隠してくれなかったりすることとリンクします。

もし一昔前のように、自分たちの住んでいる地域でとれたものだけを食べて、生きていかなければならないとします。すると、川や海を汚すでしょうか、山を削るでしょうか、安易に農地を宅地に変えるでしょうか。

私たちは、行動範囲が広まったおかげで、視野がぼけ大切なものが見えなくなってしまったように思います。

食べ物がなければ、人は生きていけません。だから、当たり前な感覚を取り戻すために、身近なものを食べるべきだと思ったのです。

日本は小さい島国で、食糧自給率も低いので、すべて地元産でまかなうことは無理なので、まずは無理なく、国内産のものを食べるべきだと思っています。

みんながそうすると、全く量が足りないのですが、足りないことに気づくことも大切だからです。

それは、たとえば、僕たちの住んでいる地域からフランス料理店がなくなることを、意味するのではありません。地元の材料で本場に負けないパンだって、チーズだって、ワインだってつくればいいのです。

そのようにして食べ物を考えることで、一番身近な自然＝自分の身体、次に身近な自然＝子供や、孫のことを本気で考えることができます。そういう真に身に迫った感覚だけが、環境問題の解決に繋がるのではないでしょうか。

そう、町のパン屋は思っているのです。

モンゴルの羊が先生

パン屋になる前、環境NPOで働いていたときにモンゴルとの関係ができ、現地に2年間住むことになりました。25〜27歳の頃です。

ときに草原で遊牧民と暮らしました。彼らは羊、山羊、馬、牛、地域によってはラクダやヤクを飼い、乳を搾り乳製品をつくり、冬を越せなくなった家畜を秋に屠り、余すところなく、その命のすべてをいただきます。

「羊をさばく」場面が、今でも僕の食べ物に対する姿勢の背骨になっています。モンゴルの羊のさばき方は、一滴の血も地面に流しません。

何かを察して暴れる羊。僕の手は、その羊の足を押さえつけています。振りほどこうとする凄い力と、「生きたい」という強い気持ちが手に伝わってきます。

心臓の近くを、毛をそぐように軽く、ほんの数センチナイフで切ります。そこから手を差し入れて、心臓の奥、背骨付近の血管を爪で切ります。すると、血は横隔膜の内側にたまり、体の外に流れ出ることはありません。

羊は「ぐぐ～」と大きな息を吐きます。まるで魂が抜けていく音のようです。

徐々に足の力が抜けていくのを感じます。首の力も抜けてきて、羊の頭はゴトリと地面に落ちました。

するとまず、ほっとする気持ち。さびしい虚無感。そしてなによりも大きな罪悪感をおぼえます。そしてすぐに、純粋に、食べたいという気持ちもわいてきます。

矛盾しつつ、混ざり合うことのない感情が、グルグルらせんを描くように頭にわいてきます。とても不思議な感情ですが、きっとこれが動物としての、とても素直な感情なのです。その気持ちがあるからこそ、その羊を食材として徹底的に利用するのです。

胆のうと膀胱が犬の餌になるほかは、基本的にすべて塩茹でにして食べます。流れ落ちる脂をも無駄にしないため、基本的に肉は焼きません。血も腸に詰めて、内臓と一緒に茹でます。肉はナイフで削ぎ取り、骨がピカピカになるまで食べます。最終的には骨を折って、骨髄までほじって食べます。

そんなモンゴルから、ほんの一時帰国のつもりで帰ってきて、いろんな都合でパン屋になったわけですが、はじめの頃、僕はパンづくりに失敗すると、自分に怒り、激しく落ち込みました。

気持ちをコントロールできず、声の限りに何度も何度も叫んでいました。周りから見ると、きっと異常だったと思います。

父から「何をそんなに急いでいるんだ！」と怒鳴（どな）られたこともありましたが、それでも、どうしようもありませんでした。

実際に急いでいました。「こんなのじゃダメだ。早くいいパンにしないと！」と焦っていました。羊の経験が、僕を追い立てていたのです。

だって、ダメなパンを焼いていたら、そんなパンは売れ残り、捨てられるのですから。

今日も明日も明後日も、来月も来年も5年後も、パンの出来が悪いかぎり永遠にずっと。小麦に申し訳ないという気持ちが、羊の命とだぶって見えました。

きっとどんな職人でも、死ぬ気で素材を活かしきるのは、その命に対する重い責任からくる思いがあるからです。そして、その苦しいほどの重圧だけが、ものづくりの技術を向上させてくれます。

でも、今の日本では、命の重さを実感しにくいです。

だから、僕の場合は恵まれていて、羊が命をかけて、パンづくりを鍛えてくれました。

豊かさのレシピ

ヨーロッパでは、モンゴルで学んだこととはまたまた別のことを学びました。

フランス西部、人口１４０人の小さな村、サンピエール・シュル・エルブ。村の中心に、１０００年前からあるという優しい印象の教会があります。

僕は２００８年、その村にあるパン屋さん「フーニル・ド・セードル」で１か月、住み込み研修させてもらいました。

パンづくりはもちろん感動的だったけど、それ以上にここに流れる時間に圧倒されジェラシーさえ覚えました。

どんなに忙しくても、食事はゆっくりとる。お客さんとしっかり長話する。それでいて一つもパンを捨てない。

そんなところを学びたくて、2012年に今度は1年間フランスに住むことを決めたのです。

そうして2012年の秋、サンピエール・シュル・エルブに戻ってきました。

教会の横には小屋が建っていて、築200年以上の共同石窯があります。そこでもうもうと黒い煙をたてながら、薪が燃えています。

大昔からこの窯で火を焚き、村人がパンを持ち寄り焼いていたそうです。一度、この窯は忘れ去られたのですが、「フーニル・ド・セードル」のパン職人、ローランさんが修復し、今では年に1度、昔のように村人が集まり、パンや持ち寄った料理を焼き、ワイワイ食べて飲む行事が開かれるようになりました。

行事がはじまるのは夜7時頃。村人たちが少しずつ、集まりだします。前日一日中薪がくべられ、この日も朝から温め続けられていた窯は、しっかりと熱をレンガに溜め込み、熱々です。

まず強火で焼く、フランス語でフエという薄いピタパンをささっと窯入れし、5分ほどで焼き上げます。それにチーズを挟んで食べます。ランプの光の中で、食前酒を飲みながら立ち話が始まります。

次に、村人たちが持ち寄ったパンやピザ、それにキッシュなどの料理が、次々と窯いっぱいに入れられていきます。

窯入れを手伝う人、焼く料理を運んでくる人、飲みながら眺め歓談する人、窯を中心に、空気がどっとにぎやかに生き生きとしてきます。

料理が焼ける頃、みんなはやっと長テーブルにつきはじめ、ここからが本番だと、歓談の声もボリュームを増していきます。

食べては話し、飲んでは話すうちに、窯の温度が下がってくると、今度は弱火で焼く、タルトやケーキなどのデザートを窯に入れていきます。

それが終わると、窯入れしていたローランさんもやっと一息。村人たちから笑顔と拍手で迎えられ、照れ笑い。最後のデザートが出ると、窯は空っぽです。

それでも、ほのかな暖かみを求めて人々は窯を囲み、石窯小屋にぎゅうぎゅうに入って、おしゃべりは深夜0時過ぎまで続きました。

石窯小屋に灯る明かりと、高く上った月明かり。きっと昔と変わらぬ光景なのでしょう。

眺めていると、共同石窯の２００年という時の流れと、村人たちのゆっくり食事と会話を楽しむ習慣がダブって見えてきました。彼らは、時が積み重なっていくことを、仲間や家族と大切に共有する。そしてそれをじっくり愛でるように楽しむ。それはたとえば、日本人が盆栽の枝の形や葉の向きまでをも繊細に愛でるのと同じくらい真剣に。

ここでは、愛でる対象が〝物〟ではなく〝時〟なのです。

共有された時間は、村人たちの間に、ほんのり温かい不思議な余裕を与えてくれます。

僕はパン屋だけど、フランスに住んでいた間、パンのレシピはこれといって学んでいません。

僕が学びとりたかったのは、こんな豊かさのレシピだからです。

なぜ彼らは豊かなのか

そう、1年間、フランスに留学したときは、パンづくりへの興味はほどほどで、働き方、暮らし方を見て学び盗んで帰るのだ、というミッションを自分に課していました。

そんな思いもあって、いろいろな国を見て回りました。

1章で書いたように、オーストリアのパン屋、「グラッガー」を見て、その働き方に衝撃を受けたのも、そんなミッション遂行の中の経験の一つです。

オーストリアの一人当たりのGDPを比べてみると、日本より断然上です。オーストリアが15位で日本が25位です（2017年）。フランス23位、ドイツ19位、イタリア27位、スペイン31位と、他のヨーロッパを見てみると、「あれ、日本も頑張ってるな」と思ってしまいますが、一人当たりで、さらに1時間当たりの生産性（労働生産率）、で比べてみると、あらあら、日本はヨーロッパには差を開けられています。

データを見ると、日本は国としては、今でもなんとか経済大国として威張っているけれど、国民一人ひとりの生活を見てみると、人海戦術で、しかも時間をかけて、必死に食い下がっているのがわかります。

ヨーロッパでは、なぜ年に40日以上ものヴァカンスがとれて、日本と同じか、それよりさらに、国が豊かなのか？　なぜ、生活も、いいものを食べて、ゆったりしているのか？

僕が通った、ナント大学付属の語学学校では、フランス語のほかにもフランスのことを、朝から夕方までみっちり教えてくれました（外国人にフランス語とフランスのことを徹底的に教えることが国益にかなうと思っているからです）。

ヴァカンスの語源は、Vacant（空いている）というフランス語です。もともとは植民地を得たあと、貴族たちがやっていたものが、現代になって庶民に下りてきたものです。

フランスは企業が率先してヴァカンスを導入していったというよりは、最初は法律で決めて進めていきました。第二次世界大戦の前には2週間の有給休暇が法律で認められるようになり、それが次第に3週間、4週間となり、1980年代には5週間になりました。今ではだいたい40日ぐらいの休暇をとる人が多いようです。

僕が住んでいたナントは、世界史の授業で習った、奴隷貿易を含む三角貿易で栄えた町で、実際に貿易に関与していた人の子孫が資産を継承していて今でもお金持ちらしいです。

フランスはこれまでに戦争に一度も負けたことがないので、かつての社会構造や富がそのまま残っているようなのです。そういう背景をうまく利用して豊かに暮らしている、という部分もありそうです。

東京と違って、フランスのパリをはじめ、ほかのヨーロッパの国々も、首都に一極集中しているといったことはなく、地方都市がそれなりに栄えています。ヴァカンスの期間が長いと、都会にいても面白くありません。だから人が地方に流れます。当然、そこへお金も流れます。

地方の田舎町。きれいな山や海はあるけれど、産業はこれといってない。日本の典型的な過疎化している町のようですが、ヨーロッパ全般で、このような田舎町には、夏の間、人が溢れています。人々は、ヴァカンスを楽しむために稼いできているので、バンバンお金を使います。都会で稼いで、田舎で使う。お金が経済の血液だとすると、しっかり手足の隅々まで血流が行き届いています。

もちろん、フランスや他のヨーロッパの国々にも、いろいろと問題はあります。働かない人が多いとか、社会保障が手厚すぎるとか、人によっていろいろ言うけれど、日本に比べたら深刻度は浅いのではないでしょうか。日本のような閉塞感も感じません。

暮らしぶりも日本とはちょっと違います。

日本人が思っているような豊かさ……ブランドの服を買って、いい車に乗って、いい家に住んで……という豊かさではありません。質のいい服を買って長い間着ればいい、野菜も見てくれは不格好でもマルシェ（市場）で買いたい、といったある種の合理性を持っています。

一番の特徴は、ヨーロッパの多くの国は農業国なので、食べ物が安いということ。だからさらに生活に余裕が出ているように感じます。

家についても、石造りと木造の違いはありますが、彼らは築100年、200年も経ってボロボロになった家をリフォームして住んでいることが多いです。新築の家よりも月日を重ねたビンテージ住宅のほうが、資産価格が高くなることもあるようです。

日本でも古民家の堅牢さが見直されてきていますが、新築だけにこだわらないで、古いものの良さを見直せばもっと幸せに暮らしていけるのではないでしょうか。これは地震が多いこととはまた別のベクトルの話だと感じます。地震で五重塔は倒れていませんから。

どうやらヨーロッパと日本では、豊かさの定義が異なっているように思います。幸せになれる豊かさとはいったいなんなのか。

ヨーロッパを旅すると、そんなことを否応なしに考えさせられるのです。

旅して真似すれば〝働き方改革〟は完了

さて、今巻では、〝働き方改革〟の話題が盛り上がりを見せています。

2018年6月に「働き方改革関連法案」が成立して、残業時間の上限が決められたり、有休を取得することが義務化されたりするようです。

基本的に、仕事一辺倒で世の中に余裕がなくなり、ギスギスしているのを改めていきましょうということなのだと思います。とても良いことだと思います。

ですが、お上も国民も本気でゴールをイメージしてやっている感じはしなくて、なんとなく、やらないといけないからやっているという気がするのは、僕だけでしょうか。

だから、国会で、「ああじゃない、こうじゃない」「そのデータはでたらめだ。いやいや本物です」と、やんや、やんやの大議論の末、結局何も進まない、ということをしています。何をしているのかわからない、と感じます。

たとえば、「宇宙へ移民する」とか、「海底へ移民する」など、世界に前例がないことなのであれば、みんなで激しく議論を重ねるのもありだと思うのです。

しかし、働き方に関して言えば、海外に目をやれば、前例が溢れています。

しかも幸運なことに、たくさんの日本人が、いろんな国に旅行したり、研修に行ったり、留学したり、結婚して移り住んでいたり、各地で活躍しているのだから、そんな人々への調査をもとに、各国の良いところを集約して、素直に真似すれば良いと思うのです。

働き方も、休暇の取り方も、日本にない考え方が、世界中に溢れています。優れていれば、とにかく真似してやってみて、日本に合わなかったらそれから考えればいいのです。働き方改革なんてそんなコピペで終わりの簡単な話で、改革なんて言葉自体、大げさすぎます。

考える前に、旅をして見てみましょう。

そして、見聞したことで良いことがあれば真似をすれば良いのです。

たとえば、鉄道だけをとっても、日本では新幹線の運営がＪＲ各社に分かれてしまっているから、ネット予約するには各会社のサイトにいき、会員登録したり、クレジットカードをつくったりしなければなりません。面倒くさすぎます。

しかし、フランスではそんなことは必要なく、ネットショッピングをするようにインターネットで高速鉄道の予約が簡単にできます。

何か月も前に予約すればかなり安くなりますし、チケットを発券する必要もなく、車内で車掌に携帯の画面を見せればいいだけです。それに海外の鉄道では改札がないところも多いのです。

フランス市内を走るトラムという路面電車も、乗り場で切符をあらかじめ買っておけば、どの車両のどの扉から乗ってどこで降りても自由です。乗り降りでお金を払うために車内が渋滞することもありません。

チェックする人や機械はありません。「それならキセル乗車し放題じゃないか」と思うかもしれませんが、それでいいじゃないですか。子供ではないのですから。

僕も毎日トラムに乗っていましたが、検札があるのはだいたい1か月に1回ぐらいです。もし、切符を買わずに乗っていたことが判明したら、乗車券1か月分以上の罰金を支払う必要があるので、それが一定のキセル乗車の抑止力になっているのです。

検札を頻繁にするとなると人件費がかかります。切符を回収する機械の導入・保守にも費用がかかります。キセルの被害額よりそちらのコストのほうが大きくなってしまうのなら、機械も人もいらないじゃないか、という合理的な考えがあるのです。あらゆることがこの調子でいけば、利益は上がるだろうし、それによってヴァカンスもとれるよなあ、と思います。

真面目な日本人ならキセル乗車の被害は微々たるものでしょう。なぜ真似できないのでしょうか。プライドが邪魔しているのか、そうできない大人の事情か何かがあるのでしょうか。

日本なりのやり方を意地で考えていたら何十年もかかります。社長さんも、公務員さんも、働いている皆さんも、旅をして、自分の目で見て経験してみる。そして真似して、考えて、改良して、また旅に出る。そっちのほうが、政治家が論理をこねくり回して法案を可決させるのを待っているより、よっぽど早いのではないかと思うのです。

兵糧攻め

もちろん、日本だってヨーロッパに負けていない面はたくさんあります。

日本にいると、当たり前になってしまい、そのすごさにはなかなか気づきにくいものです。

日本から「突っ張り棒」や、掃除用品を送ってもらったときには、その品質、低価格、安心感につくった人たちの誇りを感じました。

文房具にしても、かゆいところへ実に手が届きます。ボールペンの多彩さとか、クリアフォルダーの色揃えの豊富さなど、そんなのはどの国に行ってもありません。つくり手の気遣いを感じます。

料理にしたってそうです。和食の清々しいまでの清楚さ、艶やかさ、素材を活かしきる知恵。さらにそれに加えて、和洋中韓国メキシコどんな国の料理もあるよ、ラーメン、牛丼、駅そば、どんなシチュエーションにも応えられるバリエーションの豊富さもあります。

接客など言うにおよばずです。フランスから日本の郵便局へメールしたときの丁寧さには、その前にフランスの郵便局で「家に行ってもいなかったから、日本に送り返したよ」（家にいました。涙）というめちゃくちゃなことを言われたあとだったのもあって、感動しました。

日本の郵便局は何も不手際がなかったにもかかわらず、返信メールの頭には「言い訳のようにも思われる内容ではございますが」の一文がつけられていました。こんな国はほかにあるでしょうか。

とにかく、心遣いが行き届いた職人の世界が日本という国だと思います。そこは、エヘンと胸を張って大威張りしてもいいのです。

そんな誇らしい国なのですが、ただひとつ食文化、ことに食料に関して言うと、多くの国に大きく差を開けられて、先頭集団は遠く見えなくなり、第二集団からも遅れている、そんな印象があります。

誤解を招くので言っておかなければいけませんが、これは農業従事者の問題ではありません。

一品一品の農産物の品質はすばらしいものがあります。フランスでも日本人の野菜農家が三ツ星レストランに卸しまくっているくらいです。日本からはじまった不耕起栽培（田畑を耕さずに野菜を育てる自然農法のひとつ）はフランスで注目されています。

問題は食糧自給率です。

フランスをはじめほかのヨーロッパ諸国では、庶民が市場で野菜や肉を買おうとすると、とても安く買うことができます。有機農法の食材もたくさんあります。ほとんどの国で食糧自給率が１００％前後です。


モンゴルで暮らしていたとき、こんな話を聞いたことがあります。

かつてモンゴルでモンゴル帝国が隆盛を極めていた頃、チンギス＝ハンはある城壁で囲まれた巨大な城塞都市を攻めました。

無理に攻撃しても全く歯が立たないほど頑強な城壁で、町がぐるりと覆われています。近づくと、高い城壁の上から矢が降ってくる。どうにも手が出せません。

チンギス＝ハンは城を落とすために何をやったか。

まず周囲を大勢の軍隊で囲んで、城に供給される食料を絶ちました。兵糧攻めです。

その効果が現れ、城内の兵士たちが飢えた頃を見計らって、ペストに感染しているタルバガンを美味しそうに焼き、肉片を矢にさして塀の中に弓で放ったのです。

タルバガンというのはリス科のかわいい小型の草食動物で、僕も食べたことがありますが、肉質が柔らかく、非常に美味なのです。

ですが、問題はまれにペストを持っている個体がいることです。今でもモンゴルの遊牧民はタルバガンを食べていて、ペスト感染のニュースが年に1回は流れます。だから、弱っていたり、草原に倒れていたりするタルバガンは通常は決して食べません。

当然、城の中の人たちも、タルバガンの肉が危険なことは百も承知なのです。しかも、敵が射込んできたものであれば、明らかに怪しすぎます。しかし、空腹で飢えているときには冷静になれません。つい食べてしまい、城の中でペストが蔓延……。チンギス＝ハン軍は兵を一人も失うことなく、塀の中の敵を全滅させてしまったのです。

この城塞都市を日本に置き換えたらどうでしょうか？　多くの食べ物を輸入に頼っている日本は、たとえ、農薬がきつかろうが、遺伝子組み換えをしていようが、安全性に疑問があったとしても、子供の成長に問題があったとしても、選択肢はありません。その気になれば、兵器を使わずに滅ぼしてしまうことができます。

食糧を自給できないということは、こういうリスクを引き受けなければいけないということなのです。

それに、そもそもそんな食糧でさえ、いつまでも、お金で買える時代は続かないのです。より高く買う国が現れたら、私たちには売ってもらえません。みなさんは知らないかもしれませんが、クルミやドライイチジクは、売ってもらえなかった年が過去にもうあるんですよ。

健康な国の食

健康な国の食とはどんなものか、教えてくれるのは庶民の台所であるマルシェ＝市場だと思います。

たとえば、フランスの市場は、公共交通機関が利用しやすいところにある駐車場や公園などで開かれます。市民が手弁当で勝手にやって、役所はどちらかというとジャマをする日本の市場とは根本的に違って、町がしっかりサポートしていて、場所の確保から撤収したあとの清掃までやってくれます。

僕が滞在したナントは、曜日ごとに市内各地を巡回しています。ナントの市場に並んでいた食材はカキ、ムール貝、ホタテ、大小のエビやカニ。魚はエイにボラ、カツオ、マグロ、アンコウ、サバ、イワシ、ときにはサメやマンボウもありました。

そしてチーズやバターに生クリーム、地元の野菜や有機野菜、ワインに地ビール、フランスのパン、アラブのパン、オリーブに果物にハーブ、肉や内臓やソーセージ、お菓子にクレープなどなど。それらがとても安いのです。

1ユーロは100円ぐらいで考えるのが物価に合っているので、それで計算すると、カキもムール貝も1キロが400円弱、アンコウは1キロが500円、野菜は有機栽培のものを買い物袋いっぱい4キロぐらい買っても1500円ほど。牛肉500グラムと豚肉500グラムを買っても1000円ちょっと。鶏はもっと安いのです。

そしてパンも有機の天然酵母のものが1キロ500円弱です。全部量り売りで、欲しい量だけ売ってくれるのもいいです。ワインは地酒1本300円ほど。

肝心の味はというと、カキは生で何百個と食べても当たったことがなく、ピュアでとっても美味しい。玉ねぎやジャガイモは小ぶりだけれど力強い味がします。肉は熟成されて鰹節のような香りがしていて、逆に内臓は新鮮です。果物も旬のものが新鮮な状態で並んでいました。

それぞれの道のプロと顔と顔を付き合わせて買える食材は彼らのプライドであり、生業であるからごまかしが利きません。だから、当然、質も高くなります。

なぜ、フランスは経済が悪くてもみんなニコニコ余裕で暮らしているのでしょうか。それは市場を覗けばわかります。食糧自給率１００％の国の市場には、質の高い農産物、畜産物、魚介が安価に溢れていて、金持ちもそうでない人も同じように買い物をしています。とくにフォアグラや三ツ星レストランを望まないのであれば、貧しくとも十分に豊かな食と健康を得ることができるからなのです。

プライドを捨てる

ここで一つ言わせてもらいます。

僕は、ヨーロッパが大好きな〝ヨーロッパラバー〟ではありません。侍の時代劇が好きだし、日本の歴史も好き。麺が好きだし、寿司も好き、花見で一杯は最高だし、紅葉の中をゆったり散歩すると、なんとも言えない幸せを感じる、日本の伝統文化をこよなく愛している人間です。

パン屋になって、最初はしかたがなくヨーロッパに勉強に行ったのです。そうしたら、「悔しかった」のです。本当に悔しかったのです。

自分たちは、14時間から16時間、時には18時間もボロボロになって働いて、それでもそんなに儲からなくて、休みもそんなにとれないで、なんとなく人間関係もくたびれて、酒をあおってうさばらししている。なのに、ヨーロッパの人たちは、ろくすっぽ働いていない。それでもみんな長期休暇をとったり、土日はしっかり休んだり、バカンスシーズンにはどんなへんぴな田舎町でも長期滞在者で賑わっていたりします。日本は何も勝っていないのです。

明治維新の頃に、世界をはじめて見た日本人のような気がしました。「あれ、こんなに差がついているのか」と、もしかして、バブルとその後の20年で差が開いてしまったのか、と感じました。

そのとき僕は「ああ、これは真似しないとな」と思いました。まずは自ら真似を実践して、成果を上げて、世に問いかけて、もっと真似する仲間を増やして、日本をもっとかっこいい国にするのだ、と思ったのです。そのためであれば、何だって利用すればいい。しょうもない、ちっぽけなプライドなどかなぐり捨てて、劣っているところは、素直に真似すればいいのです。

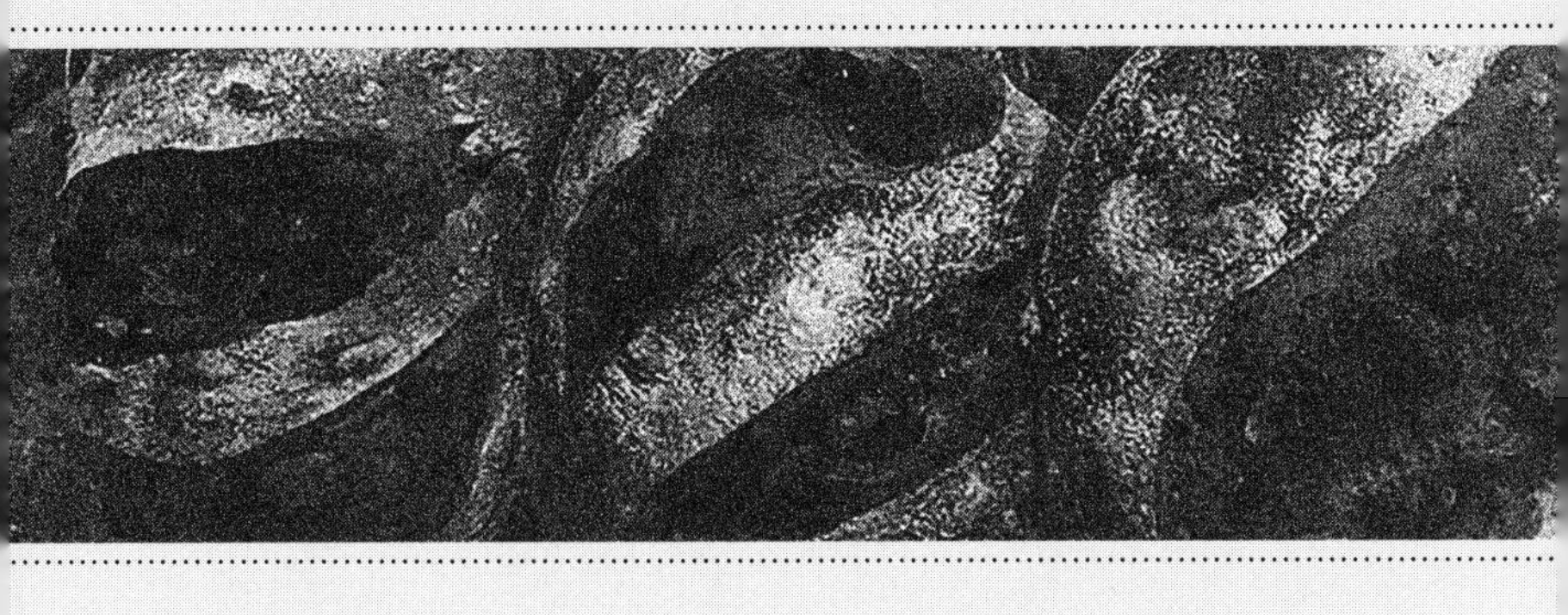

第4章

競わないパン屋

お金がジャマをする

僕は、前に述べたように、フランスから帰国して店を再開するとき、今までの働き方を一から見直しました。自分の働き方を変える中で、当然、人の雇い方も変えることにしました。

僕は、それほど良い人ではないので、当然、欲があります。誰かに何かを与えるならば、見返りが欲しくなってしまいます。そんな凡人にとっては、お金がジャマをします。

以前は、時間がなくてレシピや技術をなかなか教えてあげられず、労働時間だけは長く、給料は少ないものでした。

次々と、いろんなスタイルのパンが流行り廃れていくパン業界では、長く修業し、独立したときには、身に着けたものがもう見向きもされない古いものになっているかもしれません。そんな状況の中、長期間、修業を兼ねて安い給料で働いてもらうのは、酷だと思ったのです。

もっといい働き方を探す実験を兼ねて、今は人を雇わないことにしています。ときどき、1か月～数か月間、無給の研修生がいたりします。今後スタッフを雇う予定もあるけれど、それは独立開業を目指す人限定で、1年～3年の期限付きにしようと思っています。うちにしばられて何年もいるより世界を見てきたほうがいいからです。

僕は日頃、一人でこなせる量の仕事をしています。しかし、いったん働くスイッチを入れると、常に小走り、朝食は立って食べ、電話にはなかなか出られないという忙しさで仕事をしています（そのかわり労働時間は短いです）。

そんな状況下では、研修生がどんなに初心者であっても、仕事を手伝ってもらえるのは、心のそこからありがたいのです。

無給の研修生だからお金のやり取りは発生しません。

ここが大事なのですが、お金を払ったり、もらったりは、ある種の交換です。労働とお金を交換しているのです。ですから、雇うほうはお金を払っていると、働いてもらうのが当たり前になります。逆に働くほうはお金をもらっていると、働くのが当たり前になります。

ちょっとドライな関係です。

そこには感謝の気持ちが芽生えにくい。お金がジャマしているのです。

お金がジャマしていなかったら？　単純に、働いてもらうのは、ありがたくなります。お返しに教えてあげたくなります。働くのは当たり前でなくなります。

目的と意欲だけが働く原動力になります。

そうなると、お互いの関係が、お金のやり取りから、技術のやり取りに変わるのです。

しかも、一人でやっていた仕事を二人でやるのだから時間が存分にあります。二人分を稼ぐために仕事を増やす必要もありません。研修のために費やす、お互いの意欲と時間が、お金で雇用していたときとは劇的に違ってきます。

そうやって研修生として働いてくれた人たちが全国に散らばって活躍してくれる。ときに「あそこの人気店、ドリアンで研修してたんですって～」とどこかの井戸端会議で主婦たちの噂になれば、それで僕はじゅうぶん満足です。

レシピごときの何倍も価値のあるネットワーク

ドリアンの研修では経験がなくても、3か月もあれば、だいたいパンなんて、天然酵母、薪窯で焼けるようになります。

研修生にはもちろん、見学者でも「この人は志を同じくする同志だな！」と感じたら、レシピや情報を提供しています。すると、「無料でレシピを公開して不安ではないか？」と聞かれるけれど、実は、その出ていくもの以上のものをもらっているので大丈夫なのです。

情報をあげる。すると、ちゃんともらえるのです。

パンのつくり方やパン情報だけでなく、その世代の流行や、地域性や、どこかのパン屋の裏情報だったり、いろいろ集まってくるのです。韓国出身の研修生からは、お母さん直伝のキムチづくりも教わりました。

情報や人脈が全国から集まってくるのは、
レシピごときの何倍の価値があるだろう！

彼らは各地にバラバラと散らばった情報網になります。そして、僕も彼らの情報源の一つとなります。今までみたいに、上から下に伝えるのではありません。双方にじわっと伝わる感じです。網の目のようなイメージで、それぞれは自立した個人同士のネットワークです。

それぞれが活動して見聞を広め、情報交換して、ときに集まり、パッと散る。そんなことを繰り返して、全体として高めていく。そうすると、自分も相手もお客も得するのです。

うちの周りの、元研修生や、見学に来てくれた人々とは、そんな不思議なネットワークができています。

そしてそれは、損得勘定抜きにしても、志をともにできる、人生を豊かにしてくれる友になるのです。

競わないパン屋

先に書いたように、ドリアンにはたくさんの見学者や、数か月単位の研修生が来ます。パン職人だったり、飲食関係の人だったり、職人を目指している人だったり、ときには全然関係ないけれど、何かを探しに、という人もいます。交流して意気投合すれば、レシピを持って帰ってもらうこともあります。

なぜならこのパンづくりのレシピのうち、僕が発明したオリジナルの部分はゼロだからです。

すべて日本やヨーロッパのパン屋で教えていただいたものです。だから、僕がタダで教えてもらったように、僕もタダで教えてあげているだけのことです。

僕が見学や研修に行ったのは、パン屋だけに限りません。酒蔵とか醤油蔵などの現場も見せてもらいました。

志を持っている職人は、同じ職人に対しては、だいたいみんなウェルカムです。喜んで笑顔で迎えてくれます。

「君、パン屋なんだろ、見ていってよ！」

フランスでドキドキしながら行ったパン屋で、そんな言葉で受け入れてもらったときの嬉しさは今でも心に残っています。そんな先達の思いを組み合わせてできたのが自分のパンです。だから、それを自分のところでせき止めるのは、なんだか気持ちよくありません。

でもだからこそ、そんな歴代の職人、受け入れてくれた先輩たち、今までのスタッフたち、自分たちの涙と汗が入り混じったレシピを、リスペクトする気持ちで迎えてくれるという人がその条件となります。

……と言うのは、表向きのちょっと美しいセリフでありまして、公の場で言うのは大体ここまでです。でも、この本ではもっと僕の中の深層心理を書きます。本当の僕は、とてもとても欲深いのです。

レシピを誰にも、スタッフにさえ教えず、ひたすら隠して守りきる。そんなお店も存在します。世間の人はそんなお店のことを、「欲深いなあ」とつい思ってしまいます。でもそれは、本当は違うのです。逆なのです。

僕は、たとえ明日交通事故で死んだとしても、僕が一生懸命つくったレシピを残したい。これは公的なこと半分、個人的なこと半分です。せっかく先人が継いでくれたレシピを自分だけで消してしまうのはもったいなさすぎるし、自分なりに一生懸命つくり上げたレシピが消えてしまうのは悲しすぎます。

生きた証を残したいという、人間特有の面倒くさい欲望です。

だったら、そのレシピをばらまいてしまえばいいのです。するとそのレシピは「子供レシピ」となって広がり、またさらに、「孫レシピ」となって広がっていく。そうなってしまえば、自分がコロッと死んだとしてもレシピのＤＮＡは残ります。

僕はちょっと本気で世の中を変えたいと思っています。そしてパン屋は結構その可能性を秘めている職業であるとも思っています。

前に書いたように、パン屋と日本はミニチュアのようにどこか似ています。ということは、パン屋が変わると日本も変わるかもしれない。そう思ってしまっているのです。

その場合、レシピを自分の店だけに秘めておこう、という考えはあり得ません。志を同じくする仲間をつくってネットワークをどんどん広げる。広がったネットワークからさらに情報を得る。それがまたネットワークを通じて広がる。ネットワークは太くなり、それをめぐる情報は早くなる——気づいたときには、そんなパン屋と繋がっているいろんな職業の人さえも巻き込み、世間を巻き込み、世の中は変わってしまうのではないかと、場末のパン工房で考えているのです。

そんなネットワークが、今少しずつではありますが、できつつあります。

もう10年ほど前に1週間見学に来てくれた北海道の「ソーケシュ製パン」の今野祐介くんは、今や石窯製作の第一人者となり、むしろ僕のほうが教えてもらっています。北海道に行ったときはワイワイと飲み、情報交換する、志を同じくする心の友となっています。

そして、うちの研修生第1号、北海道の函館にある「大場製パン」の大場隆裕さん。大場さんは「ソーケシュ製パン」の窯をモデルに石窯をつくりました。そこも繋がっています。そしてさらに石窯をつくるときに足りないパーツを鋳物屋さんで型からつくってくれました。それがさらに次に繋がります。

6年ほど前に見学に来てくれた京都の「弥栄窯」の太田光軌くんは、見学の際に、当時研修生だった大場さんと酒を飲み交わした仲でした。その縁もあって、大場さんの石窯づくりの情報やパーツをもとに、さらにかっこよく完成度の高い石窯をつくりました。

そして僕が2017年の夏に新しい石窯をつくりはじめたとき、僕は「ソーケシュ製パン」につくり方の概要を教わり、「大場製パン」がつくった型のパーツを使い、「弥栄窯」で実際にできたての石窯を見せてもらい、そのおかげでつくり上げることができたのです。

グルグル回って、ネットワーク全体でレベルが上がっているのです。

そしてさらに加速度的に、次の世代、次の窯へとどんどん繋がっていきます。

今まさに、研修生3代目の中山大輔くんは丹波で、研修生6代目の斎藤絢子さんは青森で、研修生7代目の大野田哲朗さんは長野で、何度も見学に来てくれた塩見聡史くんが沖縄で、これまた長期で見学に来てくれた奥添朋弘くんが熊本で、見学に来てくれてから長い付き合いになった中西宙生くんが北海道で、それぞれみんな熱い思いをもって石窯づくりを企んでいます。

書いているだけでワクワクして楽しいです。そうやって志をなんとなく共有する者たちが繫がっていくことは、本人たちにとっても有益で楽しいこと。それにお客さまのためにも絶対なります。そしてそれは、社会のためにもなっていく。もしかしたら、本当に世の中を変えてしまうかもしれません。

競い合っても得することはあまりなく、ワイワイと笑顔で繫がっていくほうが、楽しく、しなやかで、そして強いのです。

実はリレー販売ではない

「パンを捨てていない」

これも実は、人的ネットワークがなせる業なのです。

午前中、工房で無人販売をして、午後から場所を移し、店舗で販売をしても、雨の日や、自分の目論見が外れたとき、パンが残ってしまいます。

そんなときは、「雨の日メイツ」と呼ばれる方たちに助けてもらっています。「今日、少し残りそうなんですけど」と電話やメールをして、パンを引き取ってもらい、店舗で販売してもらっているのです。

まず、有機野菜の移動販売をしている「グリーンブリッジ」の沖横田秀雄さん。こだわりをもって栽培されている農家と契約して、有機野菜を御用聞きのような形で、お宅訪問しながら販売しています。

そして、ハム・ソーセージの製造販売をしている「グリュックスシュバイン」の山﨑泰宜さん。神奈川県厚木の名店で修業を積み、伝統的なドイツ製法でハム・ソーセージをつくっています。3年に一度ドイツで行われるコンテストでは、10品エントリー中、9品が金賞受賞しました。

さらに、尾道で自然派ワインの飲める食堂をしている「ビズー」の岡本真人さん。料理の修業を積んだあと、尾道に移住、商店街の中で、ナチュラルなワインと、地元の有機栽培や無農薬栽培の野菜と魚介を使った、酒が進む料理を楽しめるお店を経営しています。

そんな三方は、ただ単に「パン売ってください」「はい、わかりました」という関係ではありません。それぞれ、一緒に飲んで話して、ああ、志を同じくする人だな、と感じつつ付き合って数年。その結果として、「パン売ってもらったら嬉しいです！」と感じたお店です。思い入れが違います。

だから、取材とかでよく取り上げられる「リレー販売をすれば食料廃棄はなくなる」というのは、少し違う気がしています。

みんな経営者ですから、毎日、真剣勝負でお店を切り盛りしている方たちです。変なものを店に置くわけにはいきません。

こちらは、そんな神聖な場所にパンを置いてもらうことをお願いするのですから、ちゃんと、次の日になっても美味しいパンを焼くこと。そんな種類のパンをつくり続けること。さらには、日頃から自分をさらけ出してたくさん話して、意気投合しないと、誰も引き取ってなんかくれません。

だから、引き取ってもらうためにも、自分の店を磨き続けて、高め続けていく責任も発生するのです。何はともあれ、本当に3人には感謝です！

麦農家のみなさん

ドリアンのパンは、十勝地方で、中川泰一さんや、福島隆博さんや、バイオダイナミックファーム・トカプチによって有機栽培されている小麦と、これも十勝地方で庄司俊秀さんが栽培されているライ麦と、滋賀県の廣瀬敬一郎さんが栽培されているスペルト小麦でつくらせてもらっています。

2018年の夏も、十勝に行って、中川さん、福島さん、トカプチを経営しているアグリシステムの伊藤英拓（ひでひろ）専務、そして庄司さんに会ってきました。みなさん、闘いながら農業をやってこられたファイターです。

中川さんは、先代の畑を少しずつ無農薬栽培の畑に変えて、今ではすべて無農薬栽培で小麦や大豆をつくっています。最初に畑を無農薬栽培で試していた頃、畑の麦が全部枯れている、という悪夢を見て目が覚めたことが何度もあったらしいです。それでも変えてきたのは、強い志があったからに違いありません。

畑を大きく二つに分けて、片方で、マメ科の植物の種を蒔き、片方で麦を栽培します。草たち（特にマメ科の草たち）が空気中の窒素などを取り込んで、育てたい作物が利用できる栄養素に変えてくれるのです。これを緑肥といいます。そして次の年は、緑肥をすき込んで、そちらに麦をまき、前年麦を蒔いたところは休ませて緑肥の種を蒔きます。

そうやって、空気中から窒素分を取り込みながら、その養分で作物を収穫していくのです。「作物は、空気でできているんですよ！」と言われたのがとても印象に残っています。そして、そうやって栽培している畑には葉っぱを食べるような虫はつかない、というのも素人の僕には驚きでした。

中川さんは、数年前から混植というヨーロッパで昔行われていた方法にも取り組み始めています。いろいろな品種の種を混ぜて蒔く方法です。交雑しながら新しい種が生まれていくかもしれません。中川さんにその想いを聞くと、今までの先人たちが努力してつくってきてくれた品種全部に敬意を払いたいから、それを混ぜて蒔く、ということでした。農家であり思想家です。

福島さんは、十勝の有機栽培農家の中でも先駆者の一人です。十勝の農家の歴史、かつては農家もたくさんいたけれど、大規模化の中で離農していった人たちが大勢いたこと、その畑を守っていくべきこと、そして十勝は日本の食糧生産基地であって、十勝が止まってしまったら、日本の食も止まってしまうこと、などを教えてくれました。訪ねたときは、ちょうど有機栽培小麦の出荷の作業中でしたが、いろいろお話を聞いていて、「今から何処行くの？」となり、「あ、有楽町ってお店にジンギスカン食べに行くんですが」と言うと、「あ、だったらオレも行こうかな」と、一緒に来てくれて、結局夜まで、たくさんお話ししてもらいました。いろんな農家の人たちとも繋がっていて、有機栽培農家の中で、人柄の良い方なんだな、と感じました。ものづくりには必ず人柄が出ますから、きっと優しい麦をつくってくれます。

バイオダイナミックファーム・トカプチは、十勝地方の都市、帯広にある製粉会社「アグリシステム」が経営している農園です。名前の通り、バイオダイナミック農法という、有機栽培にさらに月の動きなどを加えた農法です。新しい時代の農業の研究所的な部分も担いつつ、実際にしっかりと麦をつくっています。「アグリシステム」は有機栽培の農家から麦を買い入れて製粉して販売する日本では珍しい製粉会社で、中川さんや福島さんの麦もアグリシステムで製粉されて、僕の店に届いています。

庄司さんは、今は北海道で人気品種になった「キタノカオリ」という品種がまだ農協からつくって良しと認められなかった時代から、自力でつくり続けてきた人です。今では、ライ麦の需要に応えるために、数年かけて、乾燥から選別までの機材を揃え、石臼を輸入して、ライ麦の生産もしています。近年、国内のライ麦生産が少なく、不足がちで、庄司さんはとても貴重な存在です。

広島までよく会いに来てくれる、滋賀の廣瀬さんもまた志の人です。日本では栽培不可能と言われていた、小麦の古代品種、スペルト小麦を独力で研究して、栽培量産を可能にしました。スペルト小麦が日本に広がればいいと、しっかり思いを共有できる農家には、指導も惜しみません。誰もやらなかったら地域の畑や田んぼが荒れるから、と地域の畑を借りて栽培に取り組んでいます。

農家のみなさんはその職業柄か、とても自然や文化に造詣が深く、また考えている時間軸も過去から未来へと幅が広く感じます。とにかく今儲かればいいという現代の風潮への防波堤です。そして、日本の食料生産を担っているんだ、という誇りを感じます。

僕は、この人たちの麦を使わせてもらうことで、エネルギーを与えてもらっています。カナダやオーストラリアから輸入した麦を使っていた頃は、栽培している人の顔も、その思いも、想像できませんでした。すると、人間だもの、少しは粉にたいしてぞんざいな扱いになるのは、仕方ありません。日本のパンがほとんど外国から買った麦でつくられているのに、捨てられるパンの量がとても多いのは、そのことも少しは関係しているはずです。

農家さんの顔とその想いを思い浮かべれば、誰だって、変わらないではいられないはずです。

はじめて目にした自然農法

前項で触れた中川泰一さんの畑にはじめて行ったときの話です。

２０１５年のことでした。

中川さんは僕に畑を見せてくれながら、小麦についてもいろいろと教えてくれました。中川さんの小麦は、農薬も肥料さえも入れないのに、それでいて毎年小麦をしっかり収穫しています。小麦栽培のことを何も知らない当時の僕は、「普通に考えておかしい。どうしてずっと引き算の農法を続けているのに畑が維持できているのだろう」とにわかには信じられませんでした。

少々繰り返しになりますが、中川さんは言います。

「植物は空気がつくってくれるんですよ」

中川さんの畑を見渡すと、濃い緑ではなくなんとなく爽やかな緑です。そして土の中にはたくさんミミズなどの虫はいるのだけれど、葉っぱを食べるような、俗に言う害虫の類はいません。中川さんはまた言います。

「虫たちは不健康な葉っぱを食べに来るのです。太り過ぎたり病気だったり。そういう次に残してはいけないものを食べに来るのです」

宮崎駿さんがアニメ映画『風の谷のナウシカ』で描いた腐海の森を連想させます。腐海の森は、汚染された世界を浄化するための存在だったからです。

虫は栄養がありすぎて、過剰なものを食べにくる。過不足ないところにはこない。栄養がありすぎると緑が濃くなるが、過不足のない野菜だと緑が薄くなるのだと、中川さんは教えてくれました。

中川さんの畑で大きな仕事をしているのは草たちです。畑を二つに分け、その一つには中川さんが独自にブレンドした草の種を緑肥として植え、そしてもう一つの半分に麦を植えます。

これらの草は農業を知らない人から見れば雑草に見えてしまうほどです。

そこでは雑草との闘い、虫との闘いといった風景はありません。だから畑に重機の轍（わだち）もないのです。話を聞いていても、なんだか狐につままれたような畑なのです。

中川さんの畑を見たあとに、偶然引き寄せられるように、洞爺湖で、今度は野菜の自然農の畑を見学する機会に恵まれました。

畑じゅう草がボウボウに生えているのに、栽培している野菜は虫にも食われず、生き生きしています。バジルも雑草に埋もれながら、ピンピンしていました。実家の家庭菜園では、バジルが一晩で虫に食い荒らされているのを見ているので、「この違いはなんなんだ」、と驚きでした。

その畑に、大人の事情でしょうがなく農薬を使ったことのある場所がありました。そこに育っているキャベツたちは、たくさん虫に食べられていたのです。

僕はあくまで農業は素人です。でも、それまでの常識とは全く違う光景に感動してしまいました。

こんなやり方でも農作物ができるのだと、素人ながらに農業について目を開かされる思いがしました。

「農業をやっている方が見学に来られたほうがそのショックは大きいです」と中川さんは言っていました。

せっかくの材料を生かさないと

僕の考えでは、有機栽培のものと、慣行農法のものとで、目隠しして誰が食べてもわかるほどに、味に大きな違いがあるとは思っていません。

なによりも、食糧自給率の低い日本では、慣行農法での生産も大変重要です。その農家さんの一生懸命さがあるおかげで、かろうじて今の自給率を保っているからです。

僕が有機栽培のものを使っているのは、「手抜きで、働き方を変えれば、最高の材料を使ったとしても、普通の値段で売れるんだよ」というメッセージを送りたいからです。

それともう一つは、有機栽培の農家さんは反骨精神をもつ挑戦者の方が多いので、そんな方たちからファイティングスピリットをわけていただき、自分をピリッとさせるためでもあります。

味の違いに話を戻すと、当たり前の話なのですが、材料と製法が両輪であります。つくるほうも、しっかりつくらないと、せっかくの材料を台無しにしてしまいます。

フランスにいた頃、有機栽培のブドウのワイン、というものをたくさん飲みました。ですが、響いてくるものは少なかったのです。たとえブドウが良くても、イーストを加えてさっと発酵させたものは、やはりワインでも〝染み〟ません。僕には固く感じます。ちなみに、これもまた自分の勝手な好みであります。

しっかりワインを勉強されている方は、固めのワインを好まれる方も多いからです。これも発酵の項で触れたように、ブドウの品種の特性をしっかり出すのは、イーストによる発酵であって、野生酵母を使うと、その品種の特性は分解されて薄れてしまうからです。

自分みたいにろくに勉強もしてない酒飲みは、品種なんて、もともとわからないし、〝染みる〟酒のほうが飲みやすいから好きなだけです。

さて、話を戻して、みなさんはこんな想像をしがちではないでしょうか。

有機栽培の野菜であっても、パンや、ワインであっても、肉であっても、一口食べたら、「わー、美味しい！　普通のと全然違う！」ということを。

でも、本来は、そんなことはないのです。もっと地味です。

なので、すばらしい麦たちを送っていただいているのですが、うちのパンたちは、食べても最初は、印象は薄いはずです。けれども、1か月、2か月と食べ慣れた頃に、違うパンを食べると、どこか引っかかるところが出てくるはずです。固いと感じるか、染みてこないと感じるか。そういう違いしかないのが本当のところです。

でも、結果的にこれが美味しいとわかります。それに気づくと、そういうものを食べたいなと、頭でなくて身体が自然に欲するようになるのです。

ちなみに、僕は小麦アレルギーでした。外国産の小麦でパンづくりをしていた頃は、花粉症のような症状で、水のような鼻水が止まらず、両方の鼻の穴にティッシュを詰めて作業していました。けれど、国内産の小麦を使うようになって、有機栽培、慣行農法、どちらでも症状が出たことはありません。

自分の身体で気づいたことは、小麦で問題なのは、ポストハーベストのアレルギーだと思っています。「ポスト」は「後」、「ハーベスト」は収穫を意味します。だから収穫後に施された薬剤のことです。

小麦は海外から船で輸送されてきます。暖かい船の中で長期間運ばれてくるのですから、いろんな生き物も狙ってくることは、大人だったらわかりますよね。なので、それらから防御するためには薬剤が必要なことも、大人だったら想像つきますよね。

それは海外の麦が悪いとか、輸送する人が悪いとか、そういうことでないことも、大人だったらもうわかりますよね。

何度も言いますが、小麦を海外から〝売ってもらっている〟のですから、文句は言えません。

そして小麦は、殻が粒の中に入り込んでしまっているため、米のように脱穀することができません。そのため、殻ごと挽いてふるいにかけるので、殻に付着した薬剤がどうしても粉に入ってしまうのだという噂です。

僕は実際に船の中に行って見たことがないので、あくまで噂ですが、自分をはじめ、たくさんのパン職人やお菓子職人が同じ症状になり、国内産の小麦を使うと症状がなくなる、というのを経験しているので、経験則でお話ししていることです。

国内の製粉メーカーには「ポストハーベストしますか？」と質問したことがあります。「国内での輸送でポストハーベストすることはないと思います」という返答だったのも含めて、そんなふうに僕は感じています。

話がずれましたが、パン生産において、有機栽培と慣行農法を足しても、国内産小麦の割合はたったの３％です。サッカーで日本代表を応援するときぐらい熱く、国内産の小麦を応援してもいいと思うのです。

リスペクトしあえる時代の職人ネットワーク

大学時代、大好きだったモンゴル語の鯉渕信一先生は、司馬遼太郎さんや、椎名誠さんなど、すごい人たちと仲良しでした。そこで質問してみました。

「先生質問です。どうして先生は、そんなすごい人たちと友だちなんですか?」

するとと先生はタバコの煙をフーッと吐いて言いました。

「どんな小さな分野でも頑張って山を登ると、ほかの分野で山を登っている人と友だちになれるんだな」

なるほど!と若き自分は感動したのでした。

さて、パン屋でよっこら頑張っていて、一番良かったなと思うのは、いろんな職人的経営者たちとの出会いです。

材料の麦農家さんはもちろん、数件の野菜農家さんとも繫がりました。こっちが野菜を買ったのが先だったたか、パンを買ってもらったのが先だったか忘れましたが、仲良くなりました。

そんなふうにして、その他にも、養鶏をやっている方、養豚をしている方、豆腐をつくっている方、ワインをつくっている方、日本酒をつくっている方、チーズをつくっている方、ハムをつくっている方、料理研究家の方、そして、いろんな飲食店をされている方、それに頑張っているパン屋さんたち、花屋さん、家具屋さん、目利きの職人としてはギャラリーをしている方、デザインをしている方、とにかく、自分が熱く頑張れば頑張るほど、どこかで情熱的に頑張っている人たちと友だちになれるのです。

これは人生を本当に豊かにしてくれます。もしかしたら、景気が悪かったり、自然災害が多いこの時代だからこそ、ますます仲良くなれるのかな、とも感じています。職人として生き残っているだけでも戦友の気持ちになるからです。

父に話を聞くと、バブル時代はそうではなかったというのです。つくれば売れる時代。自社を大きくすることで精一杯だったといいます。

仕事ぶりをリスペクトしあえる時代。良い時代に生まれたものです。

常連さんのためにパンを焼く

うちは、公言していますが、常連さんをえこひいきするお店です。

なぜならうちのパンは、大きくて、固くて、甘くもないし、酸っぱいです。そんなパンの常連さんは、きっと「あんな酸っぱくて固いパン、どこが美味しいの？○○のパンのほうがもっと美味しいわよ！」という、家族内や、友人や、職場内での、弾圧に耐え忍びながら、食べてくださっているのだと想像するからです。

だから、その想いに応えなければならないと思うのです。

そんなことなので、店舗で列ができていても、常連さんとは話し込んでもいい、という方針です。きっと、「なによ、待っているのに、不愉快だわ」と思ったお客さんもいるでしょう。しかし、その分、常連さんには「あ、私は大事にされているんだわ」と感じていただけるのですから。

さらには、はじめてのお客さんのご予約はお断りしていますが、常連さんには言われなくても取り置きしておく場合もあります。

ネット店がシュトーレン（ドイツでクリスマスに食べられるパン）の時期などで混み合っていて、メールの返信も遅くなり、パンの発送も待ってもらっているときでも、定期購入のお客さまには、優先的にメール対応して、決まった日にち通りにパンを送ります。

そもそも、一般的な経営コンサルタントが言うような、「客層を広げましょう」というようなものは、もう大昔のなんの役にも立たない言葉だからです。
ネットで、武具の兜の店が大繁盛しているとかいう時代です。いかにニッチな層のお客さんとしっかり深く付き合っていくかを考えるべき時代です。
パン屋で考えると、常連さんが３００人いれば、じゅうぶんに豊かに暮らしていけます。定期購入のお客さんが１５０人いるので、店舗で１５０人常連さんがいれば、それでじゅうぶんです。何万人に告知するとかは何の意味もないのです。

メディアの取材を受けるのは気をつけないといけないといわれます。新しいお客さんが殺到して、そのお客の潮が引いていったときに、大事なお客さんも一緒に引いてしまうからです。
だからうちは最初から、取材は常連さんへ向けてのメッセージとして受けています。日頃、店頭やメールのやりとりだけでは伝えられない、こんなこと考えて、こんなふうにパン焼いていますよ、ということを常連さんに知っていただいて、「ああ、私はこういう店でパンを買っているんだな」と誇りに思ってもらえるような、そんな取材だと思ったら受けています。

「捨てないパン屋」とか「働かないパン屋」とかで取材を受けているのもそういうことです。

だから、「こんなパンの種類があって、こんなに美味しいですよ」という情報は流しません。店舗情報すらなくてもいいと思っています。だって、常連さんはそんなことはとっくに知っているからです。

常連さんはお客というより、仲間のように感じています。その期待に応えるためにパンを焼いています。

第5章

働かないパン屋

レトロ・イノベーションという選択

「自然や文化を守り、環境問題を解決したい」

　この思いに僕は20代のほぼすべてを捧げ、第3章で書いてきたように旅をしてきました。それが今では旅をやめ、環境とモンゴルの仕事もやめて、パンばっかり焼いているものだから、かつての仲間からよくこう聞かれます。

「もう、環境やモンゴルの活動はやめたのですか？」

　そんなとき、僕は答えます。

「え？　続けてますよ。以前にも増して力強く」

　僕にはずっと、引け目がありました。

「埋め立て反対！　動物を守れ！」と叫んでも、モンゴルの人に「遊牧って良い

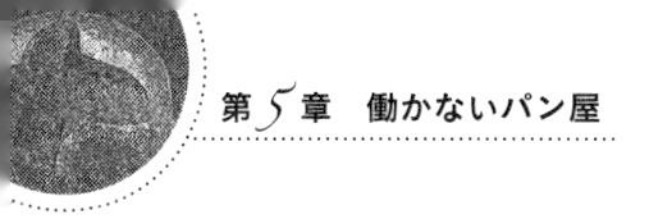

ものですから、続けてくださいね」と言っても、何か違う気がしていました。
もうひとりの自分が一方でこう言うのです。

「自分勝手すぎないか？」

自然も、動物も、人々も文化も、経済すらも、博物館の中に展示されているものではありません。まさに今も、生き生きと一生懸命、前へ向かって活動しているナマのものなのです。
僕の家が建っている土地も昔は海でした。モンゴルにだって、遊牧など捨て、便利な都会に憧れる権利があります。自分は現代技術の利便性に囲まれてフワフワ暮らしていながら、自分の生活と直接関係のないよその国や、遠い場所にだけ自分の郷愁を押し付け、古さ、停滞を求めるのは自分勝手だと思うのです。
だから、僕はモンゴルの遊牧民たちと同じ、時代に逆らう現場で、自分もナマナマしく、挟まれ、悩み、葛藤しながら、国産の小麦をこねて薪でパンを焼きたくなったのでした。

電気やガスで焼いたパンなんか屁で飛ばせるくらいのパン。

とにかく理屈抜きで美味しいパンを焼くことが、本当の活動になるのではないか。

僕の大好きなフランスのパン屋「ポワラーヌ」は、何百年と変わらぬ薪でパンを焼く製法で、世界で一番と言われるパン屋になりました。

結局、美味しかったのです。

先代の店主はそれを「レトロ・イノベーション」と言いました。

古いやり方で革新するという意味です。

僕はこの考え方が好きなのです。

たとえば、みんなが１００年前の暮らしをすれば、たいがいの環境問題は解決します。

けれど、人間は戻れません。自分の力では後戻りしたり、自制したりすることができない生物です。

だからレトロ・イノベーションなのです。古い方法で戻るのでなく、前へ進んでしまえばいい。実際にできるのです。食べ物も、道具も、生活も、昔ながらのやり方のほうが質は上がります。何百年、ひょっとしたら何千年もの間、試行錯誤してきた技術だからです。

技術を人の手に取り戻し、古い方法で新しい時代をつくる。それを実践して、証明してみせるために、僕は今日も汗まみれでパンを焼いています。

働かないパン屋と思わせる

「旅ばっかりしてパンを待っているお客さまにどう説明しているのですか？　旅ができるくらい儲かっているのですね。家賃はその間大丈夫なのですか？　不思議です……」

うちの店のフェイスブックに寄せられたこの質問に答えることが、そのままお店づくりを伝えることになります。

みなさんは、どう思いますか？　少し、考えてから読み進めてください。

Q 旅ばっかりして、パンを待っているお客さまにどう説明しているのですか？

A お客さまは厳しいです。お客さまは誰一人として待ってはくれません。それは、毎日、真面目に、年中無休で、お店を開けていても同じです。意味がわかりますか？

旅しても、しなくても、お店の成長を感じられなくなったら、お客さまは去っていきます。僕は父のお店を見ていたので骨身にしみています。どんなに一生懸命やっていても同じです。そこはドライです。

「真面目に休まずやっているからパンを買ってあげよう」というお客さまは一人

もいないのです。だから、旅することの説明は特に必要ないのかもしれません。成果や成長や、旅の共有、それが説明です。そう理解していると、旅に出るのはドキドキして生半可な気持ちではできません。

そこがわかれば、2、3行目の答えも出てきます。

Q2　旅ができるくらい儲かっているのですね？

A　「儲かっているから行く」のではなく、赤字でも行かなければいけないのです。むしろ、赤字ならなおさら行くべきです。赤字ということは、今のままでは評価されていないということ。お客さまに必要とされていない。刺激も成長もないから誰も来ないのです。同じことをやっていても評価されないでしょう。
だから、成長をするための材料を探しに旅に出ないといけないのです。そして変わるために、一度立ち止まるためでもあります。家と職場を往復していて、お客さまが来ると思うのは甘えだと思います。

僕が最初に一か月の夏休みをとってフランスのパン屋に研修に行ったとき、僕の月給は5万円でした。行かなければいけなかったのです。
ここまで書けば、最後の問いへの答えは明らかです。

Q3　家賃はその間大丈夫なのですか？

A　家賃が大丈夫なはずがないです。そんなことは関係ありません。どうにかするしかないです。

うちの場合は1年間休業したとき（長すぎる旅ですが）、工房と売り場はそれぞれ借りてくれる方を探し、大家さんに又貸しの許しを得て、貯金をはたいて行きました。行かなければ、5年後か10年後か30年後か、わからないけれど、自分か店が潰れるなと思ったからです。

選択肢は、「行く」の一択しかないのですから、他のことはなんとかしなければなりません。

……という回答になります。

そして最後に一番重要なことは、周りの人がこんな疑問を持つくらいに、旅に出て自分たちをブラッシュアップする工程を〝楽しく〟やることです。「楽しくやってます。苦労なんてひとつもないっすよ。儲かって仕方がないです」というふうに振舞うことが大切です。義務感だけで嫌々やっていたら、そんなものにお客さんは近づいてきません。

使命感半分、知的好奇心半分で旅をすると、見ている人には、「お、あの店、楽しんでいるなー！」と映ります。

そう思われるのは非常にいいことです。楽しい気持ちの人は、楽しそうなところにしか来ません。そんなお客さまが増えたら、店は勝手に良くなります。

自分やお店が成長すると、お客さまもそのレベルの人がやってきます。去って行く人もいますが、それは進む方向が異なる運命だったのです。今までありがとうございました、と感謝します。

だから、こんな質問をもらったり、「まったく、働かないパン屋だね～」と世間から言われたりしたなら、ガッツポーズをしていいのです。

これは、ここだけの秘密です。

古い手法で革新＝薪窯

薪窯でなければ、今のうちの店はもうなかったかもしれません。薪窯であれば、それだけでチヤホヤされます。菓子パンがなくても許してもらえるのは薪窯だからかもしれません。少々パンが焦げていても、形が悪くても、焼き時間が遅れても、待ち合わせに遅れても、「すみません、薪窯がちょっとなかなか言うことかなくて」と言うと、なんだか許してもらえます。

ではなぜみなさん、薪窯に対して甘いのか。

それはやはり、炎の仕業だと思います。木の蓄えた命が炎となって燃え上がり、レンガに蓄えられて、そこからパンに移ります。パンに命が宿る感じがします。だからヨーロッパで昔から、パンは子供、窯は女性にたとえられてきたのかもしれません。アンパンマンも窯から生まれましたしね。これが、電気やガスではなかなか命のイメージは膨らみません。やはり、薪の炎だからこそです。

そしてまた、炎からは昔の人々との連続性も感じられます。人間は何千年と薪を燃やしてパンを焼いてきた。日本人だって、縄文の昔からつい最近まで、薪を燃やして煮炊きしてきた。それが現代の町では、たき火も禁止です。川や海でやっていても消防車が来たりする時代です。ふと気づくと、私たちは薪の炎から遠ざけられてしまっています。それは太古からの歴史ではじめてのことです。

だからみなさん、炎が恋しいのだと思います。

薪窯でパンを焼くというのは、そこにつけ込んだ、うまい商売ということなのです。

実際に、大きな日持ちするパンを焼くには、ガス窯や電気窯よりも、圧倒的に薪窯が適しています。それらのパンを焼くには、皮を厚く〝焼き込む〟ことが重要になるからです。それは保存性を高める理由の他に、香りを高くするためでもあります。

たとえば、「買って帰る車の中ですごく良い香りがしたんです！」という経験は、お客さんの記憶に強く刻み込まれます。

薪窯でパンを焼くと、自然に窯の温度は下がっていきながらパンが焼かれます。じんわりと熱が入っていくことでしっかり焼き込めます。だから薪窯で焼くことはとてもアドバンテージになります。


しかし！

薪窯は諸刃の剣でもあります。

最大の弱点は、パンを焼くのに時間がかかるということです。


薪を燃やして窯を温めるのに2時間。温度を調整し、窯を清掃して、パン生地を窯入れして、窯出しするまでにさらに2時間ほど。1窯にざっくり4時間かかります。2窯焼けば8時間。3窯焼くと12時間となって、なかなか大変な労力になります。反面、ガス窯や電気窯であれば、生地のタイミングに合わせてどんどん焼いていけます。

だからうちでも、日常では2～3窯焼き、忙しい時期は4窯焼いていました。

それを、仕込みをしながらこなすのは、なかなか大変でした。

しかし、ここにも解決策はすでに用意されていたのです。

ヨーロッパでは、薪窯は大きくつくり、一度にドカッとパンを焼くことで、その弱点を克服しているのです。

そこで、うちも２０１７年の８月～12月にかけて、新しい窯づくりにチャレンジしました。以前の窯の３倍パンが焼ける窯です。１キロのパンが75個一度に焼けます（これでもフランスで見た窯の中で、一番小さい窯と同じくらいです）。

これによって、ほとんどの日は１窯で仕事が終わります。よっぽど忙しくても２窯です。

これで、やっと薪窯の面でもヨーロッパ基準に追いついたのです。

すると、薪窯は時間がかかるという弱点は克服です。むしろガスや電気の窯よりも早く焼けるのです。時間を短縮して良いものがつくれるのです。

自分が感動しているのは、「一番古い方法が、最新の機材よりも優れていた」ということです。

これがレトロ・イノベーション。古い方法での革新です。

「手抜き」は進化する

手抜きをして、働き方革命を起こす。そのために、材料を良くする代わりに、パンの種類を減らして、さらに日持ちのする大きなパンだけを焼く、ということは書いてきました。

しかし、パン屋の仕事はそれだけではありません。

営業時間も考えました。かつては、火、水、木、金、土曜日と毎日、実店舗での販売もしながら、同時に地方発送もしていました。レジで接客しながらなので効率は上がらず、スタッフの増員が必要になっていました。

そこで火、水曜日は実店舗は休み、地方発送のみにしました。1週間分の発送の注文と、定期購入の発送をまとめました。すると製造一人（僕）、発送作業一人（妻）でとても効率的に大量に仕事ができます。

逆に、木、金、土曜日は、店舗営業だけにしました。営業時間も昔は、朝7時前からパンを並べて、夜の19時までやっていました。レジのスタッフは3人がかりでしたが、12時～18時に短縮しました。多少お客さんに不便はかけますが、6時間であれば一人で接客できます。お客さんもその時間に凝縮して来店されます。何よりも人的コストは全く違います。

さらに商売をやっている人を悩ましているのは、製造、販売だけでなく、経理もあります。

製造から販売までやるパン屋は、経理も複雑になります。伝票を書いたり、パソコンに打ち込んだり、銀行に行ったりと、よっぽど簿記に詳しい人でないと、パンを製造しながらできる仕事量ではありませんでした。うちでも、かつてはアルバイトを雇って経理をやってもらっていました。

これは、長野県のパンと日用品の人気店「わざわざ」の平田はる香さんに教えてもらった、オンラインの会計サービス「freee」を使うことで劇的に改善しました。

付き合う銀行はwebで使いにくい銀行はやめて、webに力を入れている銀行に絞ります。

材料購入や家賃の支払いなどの振り込みは、すべてwebで済ませます。銀行に足を運ぶことはありません。

銀行口座は「freee」に紐付けされていて、入金や出金、振り替えは、すべて自動的に伝票として「freee」に入力されます。自分で金額をパソコン画面に打ち込むことはありませんから、月末に額が合わずに、入力ミスを探しまわるような無駄な時間もなくなりました。

レジもかつては何万円もするレジスターを買って打ち込んでいましたが、今ではリクルートがやっている無料のPOSレジシステム「Airレジ」を使っています。iPadがあれば無料で使えます。しかも売上げは自動的に「freee」と連動します。

楽ちんすぎます。手抜きはまだまだ進化できます。

大振りせず自由に

パン屋にかかわらず、開店して、3年間続くお店は3割だと言われます。10年続くお店は1割だとか。それだけの打率なのに、一打席目にすべての力を注ぐのは危険な気がします。

一昔前は、なるべく良い立地で、綺麗でお洒落な構えのお店をつくって、最新の機材を揃え、お揃いのユニフォームでお迎えするのが、新規開店の姿でした。何千万円も使ってドーンと打って出るという感じでした。

でも今は変わってきています。前章でも紹介した研修生第1号の「大場製パン」の大場さんが開店したときは、薪窯を手づくりして、ミキサーを買うお金を節約して、手ごねでスタートしました。最近、お客もついてきたのでミキサーを買ったようです。

同じ北海道の「ソーケシュ製パン」の今野くんも、数百万円で古いドライブインの建物を買って、薪窯を手づくりして、古いミキサーを使い、内装は自分で少しずつ手を加えていっています。最初の頃は「冬はスキー場でバイトします」と言っていましたが、今や冬のニセコでバカ売れです。

以前見学に来てくれてセンス良いなと思っている、姫路の「コボトベーカリー」の酒井さんは、最初はネット販売とイベントでの販売だけでスタートして、だんだん評判を上げ、「いけるぞ！」というタイミングで実店舗を開店されました。しかもクラウドファンディングで。センスあります。

と、いろんな開店のパターンが出てきました。いずれにしても大ぶりはしていないというのが共通点です。その要因としては、最新ピカピカみんな揃っていらっしゃいませー！でなくてもいいじゃん、というお客さまが増えてきているのだなと感じます。

それに、「絶対パンだけで食べていくんだ！というわけでもないんですけどね」というスタンスのパン屋も増えてきているように感じます。

元研修生の青森の斎藤さんは、シードルもつくるパン屋を目指すという噂です。

僕も、こうやって本を書かせてもらっているし、毎週木曜日はラジオにも出ています（ＲＣＣラジオ「おひるーな♫」12時〜14時55分、聴いてください）。世の中は確実に自由になってきております。尾崎豊の時代よりも自由です。
ブンブン大振りしていたら、自由も逃げていってしまいます。

大人の接客

「接客」という言葉がもしかしたらすでに違うのかもしれません。日本の悪い癖は、お店とお客さまの距離が遠いことだと感じています。うちのお店ではそこを変えたいと思っています。

フランスにいた頃、スーパーのレジで並んでいると、レジの店員とお客さんが話し込むことがけっこうありました。その後ろにずらっとほかのお客さんが並んでいても、二人は平気なのです。

そして、後ろの人たちは、何も文句も言わずに余裕の表情で並んでいます。最初は不思議な光景に思えたけれど、だんだんと自然に感じられるようになっていきました。

なぜなら、

①レジの店員にとっては、目の前のお客さんが、〝今〟のお客さんですから、そこに全力投球しているわけです。焦るストレスも、急ぐストレスもありません。

②お客さんにとっては、今は自分のターンですから、後ろの人を気にする必要もなく、しっかり自分の要件を済ませ、会話し笑い、その時間を堪能できるのです。

③待っているお客さんにとっては、自分のターンがきたときは、自分もあんなふうに大事に扱ってもらえるのだ、という安心感を得られます。

④みんなにとってノーストレスなのです。

実際、そこでは僕は外国人だったわけですが、目を見てしっかり挨拶をしてくれて、「今日は寒いわね」、とかなんとか一言二言、言葉を交わし、急いだり、焦ったりする素振りもなく、ゆうゆうと仕事をして「良い一日を！」と笑顔で送り出してくれました。

気持ち良い～！と思いました。

そんなものだから、日本に帰ってから、スーパーのレジで、「こんにちは！」と言ったのですが、びっくりされてしまいました。

その後、いそいそとバーコードをピッピとして、「ありがとうございました」、と言われました。けれど、流れ作業の「ありがとうございました」はとても距離感のある言葉です。

そして、なんだか、子供っぽい、と感じたのです。だって、大人であれば、ちゃんと挨拶ぐらいするものだからです。学校でもちゃんとそう教わります。なのに、社会全体で挨拶がなおざりになっています。成熟していない社会という感じです。

だから、僕たちは帰国後、「目の前のお客さまに全力投球！」を掲げることにしました。店でレジに列ができたときも、わき目もふらず目の前のお客さんに全力投球です。

常連さんだったら、一言二言話して、笑いあって、気持ちがこもった「ありがとうございました」を言おうと決めました。

その接客中に誰かが、「あのパンは、どんなパンなの？」とか割り込んできても、笑顔で無視したり、「今はこのお客さまの番なので」とお断りすることにしています。

もちろん、その人の番になったら、しっかり全力投球するのだから、それでいいと思うのです。

ネット店でも同じで、メディアに出してもらったりして何百件の注文メールが来ようが、いつも通りに定期購入のお客さまとのやり取りを優先します。その方たちは、いわば、ずっと並んでくれているわけだから、当然、全力投球の対象となるのです。

そのあとで、注文メールを順番に対応していきます。順番なので、当然、返信が遅くなる人も出てきます。イライラして、「いつ届くのよ！　こんな店はじめてよ！」というメールが届いたりしても、私たちは何も気にしません。

もし、顔が見えていたら、店舗と同じように、笑顔で無視したり、「今はこのお客さまの番なので」とお断りするでしょう。

なぜだか、みんなが急いでイライラしがちです。そのイライラはさらに伝染して、拡大していきます。そういう負の連鎖はどこかで誰かが断ち切って、「急がなくてもいいんじゃない？」と言うべきなのです。

「そうだよね、急がなくてもいいよね」という逆の回転をつくっていくべきです。

そんなことを考えて接客していると、余裕のある大人なお客さまが増えてきたように感じます。お客さんに恵まれているな〜、とつくづく思います。

気遣う文化、気遣わない文化

スペインで、サンティアゴ・デ・コンポステーラの巡礼路を歩いたときの話です。

巡礼路は１０００キロにおよび、30日〜40日ほどかけて歩きます。道中の宿泊は、巡礼宿というところに泊まります。だいたいの巡礼宿は大部屋に二段ベッドがずらりと並んでいて、何十人もが泊まれるようになっています。人が密度高く寝起きするので、いろいろと文化の違いが見えてきます。

非常にざっくりした感想を言えば、ヨーロッパ文化は「気遣わない文化」だと思うのです。

良い悪いの話ではなく「気遣うべし」という考え自体があまりありません。そこは「気遣えないやつは社会人失格である」という日本とは両極のようです。

巡礼宿では誰かが寝ていようが大声で話し、笑い、平気でママに携帯で電話をかけます。

「だってまだ消灯時間前だもんね」という筋の通り方であります。

極端な例では、「早朝5時事件」がありました。

60人が寝ている大部屋の電灯が早朝5時に突如ピッカリと点灯され、なんだなんだとみんなが驚いている横で、おばさん巡礼者が余裕で出発準備をゴソゴソと始めたのです。ヨーロッパの国々では、こんなことも起こりえますよ、というお話です。

だから気遣い重視のサービス業、たとえば、旅館や、東京ディズニーランドの神業ホスピタリティなどは、やはり日本でしか考えられないわけです。

が、しかし！

話が農業、食品製造業になると、「気遣わない文化」がうまく作用することになります。

なにせ気遣いゼロなのですから「品種改良してもっと甘くしてみましょう」とか、「品質改良材なるものをサラッと加えてお客さまをもっと喜ばせましょう」とか、「腐らないようにしますので、安心して食べてくださいませ」という考えもまたゼロなわけです。

だから、ワインなら土着のブドウだけ、ハムなら近所の肉と塩、パンならその地域の麦と塩だけ。「うちはじいさんの代からこうやってつくってるんですよ。材料も製法もさらさら変える気なんてありません。それが何か？」といった、わがまま頑固おやじだらけなのです。

これが食文化の質を強烈に支えているわけで、結局は消費者に恩恵を与えている、という面白い現象であります。

第三世代は日本の素材で日本らしいパンを焼く

私たちはパンに対して、甘い幻想をもっています。その幻想には、どこかしら、西洋人とその文化へ対するほんわかした憧れがあります。劣等感もスパイスとして少し加わっているようです。

パンはなんのために日本に存在しているのでしょうか。パンはもともと日本になかったものです。そんな答えを探すために、似たもの同士の、ワインとチーズを眺めたいと思います。

3つとも、本格的につくられるようになったのは、明治になってからです。

まず第1世代は、国産でとにかくつくろうとした世代です。それまで誰も食べたり飲んだりしたことのなかったものを、とにかくつくろうとしました。そして一般に広めようとした先駆者です。黎明期のパッション溢れる世代です。

第2世代は、日本で本場のものを再現しようとした世代です。本場に行く職人がちらほら出てきたり、本場から講師を招いて学んだり、とにかく日本のみんなに本物の味を知って欲しいと願った伝道師です。これまた情熱的な熱い世代です。今のパン、ワイン、チーズの業界はこの世代が主流だと感じます。

そして今は第3世代が出現しています。ヨーロッパを見てきたものの、その本質は土地であったり気候であったりすることに気づいて帰ってきた世代です。肩の力を抜いて、日本独自のものをつくろう、という静かに情熱を燃やす新しい世代です。

第3世代の代表格だと思う、函館でチーズをつくっている「山田農場」の山田圭介さんは、特に牧草用のヨーロッパの種を蒔くといったことをせずに、その土地に生える草を山羊に食べさせてチーズをつくっています。製造もそこの気候まかせです。その良い感じで力の抜けたチーズは、どこで食べたチーズよりも、本場ヨーロッパと渡り合える香りや風格をそなえていたのです。一生懸命に本場を目指したものよりも、力を抜いて足下を見たものが、より本場に近づいている現象です。とても面白いと思います。

パンの世界でも、少し遅れをとってはいるものの、第3世代が現れ始めています。ゆとり世代が多いのが特徴的です（僕はゆとり世代が日本を変えてくれると思っています）。まず彼らはだいたい、長い修業はせずにヨーロッパに旅立ってしまい、あちらの農家兼パン屋などで経験を積んで帰ってきます。

そのうえ、最初から外国の粉を使うという発想がありません。顔の見える農家から麦を買って石臼で製粉したり、なかには、自分で小麦から育てながら半農半ベーカリーという志でパン屋をはじめている人もいます。

第1世代、第2世代がつくってくれた土台があるからこそ、第3世代が頑張っているのです。ここに来てやっと本場ヨーロッパと同じ土俵に立ちつつあるように感じます。

僕も遅れずについていきたいです。

書きにくいけど書かなきゃならない鳥とお金の話

この本も終盤になってきました。ここまで読んでくれた方も少ないと思うので、書きにくい話を書きます。

22歳の頃、山や自然のガイドの勉強をしていたとき、僕はあまり鳥に興味がありませんでした。

「山ガイドに鳥の知識なんていらねーぜ。そんなメルヘンなのはごめんだ」。そんな態度をありありと示していた僕に、北海道大学から来ていた自然ガイドの先生がこう言ったのです。

「だったら、誰よりも鳥に詳しくなって、それでいて、知らないふりをすればいいじゃない。それが一番かっこいいと、先生は思うな」

「あ、それかっこいい」

その言葉は僕の心に刺さりました。確かにかっこいい。それに比べて、今までの自分はなんてかっこ悪いのだと思ったのです。

それから一生懸命、鳥を観察しにいったり、鳴き声を覚えたり、習性を勉強しました。すると確かに、山歩きに幅や厚みがでたのです。山がよりクリアに見えるようになったという感じでした。

たとえば、カッコウという鳥は、〝托卵(たくらん)〟ということをします。他の鳥の巣に卵を産み付けるのです。生まれたカッコウの雛が最初にする仕事は、他の卵を巣から落とすことです。驚きです。誰に習うこともなく、生まれてすぐに、その本能で、そんなことをしちゃうのです。そして、よその子どもだと知らない親鳥は、カッコウの雛を一生懸命育てます。すでに自分よりも大きな雛にエサをあげるのです。でも続きもあって、だまされ続けてきた鳥は最近だんだん気づくようになってきて、カッコウもやばいと思って、他の標的を探している、というお話です。「世にも奇妙な物語」になりそうなぐらいの話です。

こんなストーリーが森の中で繰り広げられているのを知って歩くのと、知らないで鼻歌まじりで歩くのでは、森からいただくものが違ってくるということを学びました。

さて前置きが長くなりました。

それほど書きにくい話です。

それは、お金の話です。


なぜか日本では、お金の話はタブーです。財テク、とか資産運用、とか聞いただけで、金の亡者め、と思ってしまいます。

自分もずっとお金に対してそう思ってきました。

だから僕は、とても信頼のおける友人にしかお金の話はしません。

この本を読んでくれる人を、僕は同志だと思っています。きっと、この社会に対して、僕と同じようなことに疑問をもって、同じような方向に向かおうとしている方たちだから、この本を手に取ってくれたのだ、と思うからです。１人や１００人変わっても日本は変わりません。もっと楽しく豊かに働ける人が増えれば、日本はもっとニコニコの良い国になります。だからいろいろ思われるのを承知で、お金の話から逃げてはダメだと思いました。

先に述べた、鳥の話と同じです。僕はずっと、「日本男児たるもの、お金に執着してはダメだ。武士は清貧であるべきだ」と思って、がむしゃらに頑張っていました。

でもヨーロッパに行って感じました。かの国の人たちは、お金の知識をもっていると。だからヴァカンスもとれるし、なんだか余裕を感じさせているのです。

日本に帰ってからも、周りを観察しました。実は注意して見ると、ところどころにいるのです。ガツガツ働いていないのに、余裕を感じる人が。

そんな人に直接聞いてみました。

すると、その人たちみんなが言うのです。

「お金の勉強はしたほうがいいよ」

そう言われて、「そうだ、鳥と同じだ。勉強して、それでいて知らないふりをするのが、一番かっこいいんだ」と思ったのです。

近所のそんな余裕のある床屋さんに紹介してもらって、「マネーバランスクリニック」というところで警戒しつつ、勉強をはじめました。昔からの癖で、ネーミングからうさんくさいな、と思ってしまいました。〝マネー〟とついているだけでアレルギーでした。そこはファイナンシャルプランナーの仲間です。

今の収入と、いろんな支出から、それと今後の子供の予定とか教育とか、どんなところに住んでとか、いろいろデータを入れていって、「何年後にこれだけお金が足りなくなりますよ」とか、または人によっては「意外に余裕ですよ」とかの表をつくってもらいます。

これだけでも、それまで働いてきた心持ちと、すごい違いでした。

それまでは、地図を持たずに山を歩いていたようなもので、いくら稼げばいいのかわからない、何にお金がかかっているのか、老後はどれだけお金が必要なのか。真っ暗闇をひた走っている感じでした。

それが、見えるのです。ああ、もうすこし頑張れば、あそこを目標に走ればいいんだなとわかります。

そして、保険を見てもらいました。これもまた自分はバカにしていて、「男には、保険なんて弱気なものはいらない！」と火災保険と自動車保険以外、なんにも入っていませんでした。

でも、本当は、何も知識がないので、お金がどんどん保険で出て行くようで恐かっただけなのです。

保証内容がダブらないように保険を見てもらっていきました。そして、さっきの表を見て、必要以上にならないように保険を組み合わせます。そうすると、まず、保険料はそんなに高くならないのです。

保険の宿題が出されて、カフェで、「オレが死んだら、いくら欲しい？　○○万円くらいで足りるかな、どうしようか」と妻と相談していて、隣に座っていたカップルに驚いた目で見られたこともありました。

でも、もし自分が明日事故で死んでも家族は生きていける、ケガで働けなくっても、家族は困らない。誰かにケガをさせても、みんな大丈夫。建物に何かあっても、大丈夫。そう、守備は万全だ、と思えたら、不思議と攻めの気持ちが出るのです。

そして、地図があれば、さあ、あとは頑張るだけだ！と前向きになります。

それまでは、親の代で店が傾いたのを見ていた経験の影響もあったのか、とにかくがむしゃらに働いていました。

そもそもいくらあれば足りるのか？　どこがゴールなのか？を知らずに走るの

はくたびれます。「足るを知る」でないと、無限に頑張り続けることになります。

ちょうど、そのがむしゃらさを捨てたタイミングで、パンも捨てなくなって、仕事の手抜きもどんどん進んで、楽になっていったのです。

もし何か得体のしれない不安感で毎日が追い立てられていると感じているなら、一度、お金のことについて僕のように整理してみてはいかがでしょうか。不安の正体がわかったら、梅雨明けの青空のようなスッキリした気持ちで仕事に邁進できるかもしれません。

変えられることを変える勇気を

ここ数年、僕は「捨てないパン屋」や「働かないパン屋」というテーマで、たくさんのメディアに取材して頂きました。

「捨てないパン屋」という文字に多くの方が反応したのは、「食料廃棄の問題」

と繋がっているからです。

パン屋だけではなく、コンビニ、スーパー、飲食店。そこで買い物をしている人たちも、「この時間にこれだけ在庫あって大丈夫かな?」と思っていて、売っている人も「こんなに捨てていて大丈夫なのかな?」と思っているのです。要するに、みんなが「これ、このままで大丈夫かな?」と思っているのです。

結論は明らかです。大丈夫ではないのです。

自給率が40%しかないのに、捨てているのはけしからん、とか、食料を満足に食べられていない国もある一方で捨てているのは道徳的によろしくない、というのも正しいし、もっともです。

しかし、そうではないのです。日本にとってもっとも、強烈に問題なのは、そのみんなが「これ大丈夫かな?」と思っていることを、自らの力で変えられないことです。自分たちで自分たちの社会をコントロールできていないということです。

これはとても恐いことです。

なぜなら、この状態は言い換えたら、私たちは自分の人生を歩いているつもりだけれども、本当は惰性で突っ走るジェットコースターに乗せられているのかもしれないということだからです。

また、「働かないパン屋」という文字に多くの方が反応したのは、「働き方の問題」と繋がっているからです。

働いている人も、「こんなに長い時間働いていて、自分の人生、大丈夫なのかな？」と思っていて、経営している人も「みんなにすごい時間働いてもらっているけど、あまり利益の出ないこの経営スタイル、大丈夫なのかな？」と思っています。みんなが「このままで、俺たちの人生大丈夫かな？」と思っているのです。

ということは、結論は明らかです。大丈夫でないから、皆がそう思っているのです。

そして、これもまた同じで、本当の問題は、そう思っていながら自分たちの力で社会を変えられないことです。

誰かに、縄で縛られているわけでもない。脅迫されているわけでもない。なのに、動けない。変えられない。打破できない。

そのもどかしさをみんな感じている。

ネイティブアメリカンの言葉。

「変えられないことを受け入れる心と、変えられることを変える勇気が必要だ」

ここまで書いてきたように、変える手法は出揃っています。あとは変える勇気だけなのです。

おわりに

感じることが大事だと思います。
感じたことを素直に受け入れて行動に移してみる。それからやっと考えるぐらいでちょうど良いと思うのです。

パンを捨てるのって変だよな。
この働き方はおかしいよな。

と感じたことがこの本のはじまりでした。
それを、ヨーロッパに行ってみたりして、あとから理論づけていっただけなのです。

だいたいの場合、みなさんが感じていることが正解なのです。だから自信をもって行動してみてほしいのです。

少し前までは、広告を上手に打てる会社がいい会社でした。人の心理を読み、利用して、購買させるのが商売でした。

でもそれも最近では変わってきているように感じます。上手な広告などには、みんな騙されなくなってきています。

そうではなくて、商売は、もっと単純になって、まっすぐにお客や社会のことを考えて、人の役に立ち、「ありがとう」とたくさん言われた会社がいい会社になってきていると思います。

「ありがとう」ポイントをどれだけ集めるかが商売になってきています。

とてもいい傾向です。なぜなら、人は、誰かに「ありがとう」と言われ、必要とされるのが一番の幸せだからです。

商売の目的と、人生の幸せが、しっかり一致し始めています。きっとマンモスのいた太古の時代からそうだったのではないかと思います。

良い時代になったものです。

だから僕もこの本を読んだ人が、何かを感じて、行動して、「ああ、良かった、ありがとう」と言ってくれたら、とても嬉しいし、僕の商売も間違った方向にはいかないないなと思っています。


僕が次に感じているのは、エネルギーについてです。

これもこのままでいいのかな？

いいはずないよな？

と感じるからです。

みなさんも感じているはず。


薪窯による発電とかできて、パンづくりで使う電気を自給できたら、どんなにすっきりするか。

そして、その技術を仲間のパン屋たちで共有して、いつの日か、日本のスタンダードにできたら、どんなにすばらしいだろう。そしたら、また本を書かせてもらいたいものです。「ありがとう」とたくさん言われるかもなと、ウヒヒと妄想しているのです。

最後に、『はじめに』だけで書きたいこと全部書いてしまいました」と意味のわからない駄々をこねる僕を、粘り強く、この「おわりに」まで連れてきてくださった、さくらエディションの岸川貴文さん、ありがとうございました。

２０１８年10月

田村陽至

［編集協力］　岸川貴文
［ブックデザイン］　唐澤亜紀

田村陽至
たむら・ようじ

1976年、広島県生まれ。「ブーランジェリー・ドリアン」店主。祖父の代から続くパン屋の3代目。東京の大学を卒業後、北海道や沖縄で山・自然ガイド、環境教育について修業。その後、モンゴルでツアーを企画。帰国後の2004年、祖父の代から続くパン屋を継承した。2012年には1年半休業してヨーロッパでパン屋修業を行い、店をリニューアルして現在に至る。再スタート時には菓子パン、総菜パンの販売をやめて、4種類のパンのみとし経営が好転した。2018年の夏は2か月間の夏期休暇をとった。

「ブーランジェリー・ドリアン」のホームページ　http://www.derien.jp/

捨てないパン屋

手を抜くと、いい仕事ができる→
お客さんが喜ぶ→自由も増える

2018 年 11 月 28 日　初版第 1 刷発行
2025 年 6 月 20 日　初版第 5 刷発行

著者　　田村陽至

発行者　　松原淑子
発行所　　清流出版株式会社
〒 101-0051
東京都千代田区神田神保町 3-7-1
電話　03-3288-5405
編集担当　　古満 温
https://www.seiryupub.co.jp/
印刷・製本　株式会社三秀舎

乱丁・落丁本はお取替えします。
ISBN 978-4-86029-481-6

本書をお読みになった感想を、QR コード、URL からお送りください。

https://pro.form-mailer.jp/fms/91270fd3254235